农学专业综合实训教程

主　编　刘　铭　尹福强

副主编　赵益强　余前媛

　　　　王向东　熊仿秋

WUHAN UNIVERSITY PRESS

武汉大学出版社

图书在版编目(CIP)数据

农学专业综合实训教程/刘铭,尹福强主编. —武汉:武汉大学出版社,2016.6
ISBN 978-7-307-17710-9

Ⅰ.农…　Ⅱ.① 刘…　② 尹…　Ⅲ.农学—高等学校—教材　Ⅳ.S3

中国版本图书馆 CIP 数据核字(2016)第 065090 号

责任编辑:方竞男　　　　责任校对:刘小娟　　　　装帧设计:张希玉

出版发行:**武汉大学出版社**　　(430072　武昌　珞珈山)
　　　　　　(电子邮件:whu_publish@163.com　网址:www.stmpress.cn)
印刷:虎彩印艺股份有限公司
开本:787×1092　　1/16　　印张:11.75　　字数:276 千字
版次:2016 年 6 月第 1 版　　　2016 年 6 月第 1 次印刷
ISBN 978-7-307-17710-9　　　　定价:32.00 元

前　言

当前,我国经济建设需要大量的应用型人才,因此西昌学院非常重视应用型人才的培养。学院从自身实际出发,结合高等教育对人才素质的新要求,于2009年提出并实施"本科学历(学位)＋职业技能素养"的应用型人才培养模式。按照新的培养模式,农学专业实践教学比例达45％以上。为了保证实践教学质量,西昌学院于2014年启动了"西昌学院百书工程",组织校内外专家紧密结合地方特色撰写配套实践实训教程,本书就是在这样的背景下诞生的。

本书以农学专业学生为对象,把与作物种植有关的专业实训进行综合归类,自成体系。全书共分七个模块,模块一为土壤肥料篇,共五个实训项目;模块二为田间试验技术篇,共四个实训项目;模块三为植保技术篇,共二十一个实训项目;模块四为栽培技术篇,共十八个实训项目;模块五为育种技术篇,共十一个实训项目;模块六为种子生产技术篇,共五个实训项目;模块七为科技论文写作篇,有一个实训项目。本书突出对应用能力、实用能力和实践能力的培养,其形式新颖、内容充实、操作性强、适用面广。本书可作为农学专业的综合实践课教材,也可作为农业科技工作者的参考用书。

本书由刘铭、尹福强担任主编,赵益强、余前媛、王向东、熊仿秋担任副主编。

本书在编写过程中参考和引用了大量相关文献,谨此向原作者致谢。

由于本书内容广泛,涉及知识面多,限于编者的学识有限,书中难免会有疏漏之处,恳请读者提出宝贵意见,以便补充和修正。

编　者

2016年2月

目　　录

模块一　土壤肥料篇

实训一　土壤剖面的观察与记载

一、实训目的

(1)掌握土壤剖面的设置、挖掘、观察与记载的基本技能。

(2)能依据观察结果判断土壤肥力及生产性能。

二、内容说明

土壤剖面是土壤内在性质的外在表现,土壤剖面形态特征包括土体构型,各发生层次的颜色、质地、结构等,这些是野外鉴别和划分土壤类型的主要依据。因此,观察和正确地描述、记载土壤剖面特征,是土壤野外调查的重要基本功。

三、主要仪器设备及用具

(1)主要仪器及用具:土铲、剖面刀、小镢头、卷尺、剖面记载表、比色板、门赛尔土壤比色卡、土袋。

(2)药品试剂:10%盐酸、混合指示剂。

四、操作步骤与方法

(一)土壤剖面位置的选择及挖掘

土壤剖面的选择必须具有代表性,切忌在道旁、沟边、肥堆及土层经过人为翻动或堆积的地方挖掘剖面和采集样品。

选择有代表性的地点后,挖长约 2 m、宽 1 m、深 1~1.5 m 的土坑(如地下水位较高,达到地下水时即可),将朝阳面挖成垂直的坑壁,而与之相对的坑壁挖成每阶 30~50 cm 的阶梯状,以便上下操作(图 1-1)。

在挖剖面时要注意观察朝阳面,观察面上端不准堆土,也不准站人踩踏,以保持土壤的田间自然状况,挖出的土抛在土坑长边的两旁,表土与心土分别堆放,观察与记载结束后,必须将土坑按先心土、后表土的顺序进行填平。

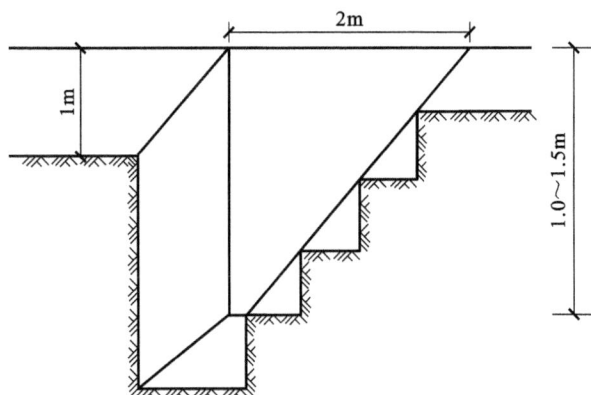

图 1-1　土壤剖面示意图

（二）土壤剖面观察与记载

1. 层次的划分与深度

首先站在剖面坑上大致观察,依据土壤的颜色、质地、结构、根系的分布情况将剖面分成几层,然后进入剖面坑内仔细观察,进一步确定层次,最后用剖面刀将各层分别划出,于剖面记载表上分别记录各层起止深度。

（1）土壤发生层次及其排列组合特征是长期而相对稳定的成土作用的产物。目前国际上大多采用 O、A、E、B、C、R 土层命名法。

O 层:有机层;

A 层:腐殖质层;

E 层:淋溶层;

B 层:淀积层;

C 层:母质层;

R 层:基岩层。

此外,还有一些由上述有关土层构成的过渡土层,如 AE 层、EB 层等。若来自两种土层的物质互相交错,且可以明显区分出来,则以斜线分隔号"/"表示,如 E/B 层、B/C 层。

（2）农业土壤剖面一般分为四层,具体如下。

① 耕作层:经多年耕翻、施肥、灌溉熟化而成。颜色深、疏松、结构好,是作物根系集中分布的层次,一般深度为 15～20 cm,代号 A。

② 犁底层:长期受犁、畜、机械的挤压,土壤紧实,有一定的保水、保肥作用。一般厚度为 6～8 cm。如果犁耕深度经常变化,或是质地较粗的砂质旱地,则该层往往不明显,代号 P。

③ 心土层:受上部土体压力而较紧实,耕作层养分随水下移淋溶到此层,受耕作影响不大,根系分布较少,一般厚度为 20～30 cm,代号 B。

④ 底土层:位于心土层以下,不受耕作的影响,根系极少,保持着母质或自然土壤淀积层的原来面貌,还可能是水湿影响的潜育层,或冲积物形成的冲击层,代号 C。

土层划分之后,用钢卷尺从地表往下量取各层深度,单位为 cm,以与残落物接触的矿质土表为零点,分别向上、向下量得,并记录深度变幅。如:

O　4/6～0 cm；

A　0～17/22 cm；

B　17/22～34/36 cm。

2. 土壤颜色

土壤颜色均以门塞尔土壤比色卡表示,命名系统是利用颜色的三属性,即色调、亮度和彩度来表示的。色调是指土壤呈现的颜色;亮度是指土壤颜色的相对亮度,把绝对黑定为0,绝对白定为10,由0到10逐渐变亮;彩度是指颜色的浓淡程度,例如:5YR 5/6 表示色调为亮红棕色,亮度为5,彩度为6。同时,描述干色(指风干时)与润色(指在风干土上滴上水珠,待表面水膜消失后的颜色)。比色时应当注意,土块应是新鲜的断面,表面要平;光线要明亮,在野外时不要在阳光下比色,室内最好靠近窗口比色。

3. 干湿度

干湿度可分为以下四级。

(1)干:放在手中丝毫无凉的感觉,吹之尘土飞扬。土壤水分在凋萎系数以下(>15 巴)。

(2)润:放在手中有微凉感觉,吹之无尘土飞扬。土壤水分高于凋萎系数,低于田间持水量(0.33～15 巴)。

(3)潮:放在手中挤压,无水流出,但有湿印,能握成团状而不散。土壤水分高于田间持水量(0.01～0.33 巴)。

(4)湿:放在手中,稍加挤压,水分即从土中流出。土壤空隙中充满水分(<0.01 巴)。

4. 土壤结构

土壤结构是指在自然状态下经外力掰开,沿自然裂隙散碎呈不同形状和大小的单位个体。土壤结构通常沿用前苏联土壤学家查哈罗夫的长、宽、高三轴发展的分类法,一般分为团粒状、核状、块状、棱柱状、柱状、碎块状、屑粒状、片状、鳞片状等。

5. 土壤质地

新中国成立后我国土壤质地分类标准一直采用的是前苏联卡庆斯基制,但因美国土壤系统分类及联合国土壤图中均采用美国制,且上述分类流行颇广,现将美国 C. F. Shaw 的简易质地类型简述如下,供野外应用。

(1)砂土:松散的单粒状颗粒,能够见到或感觉出单个砂粒,干时若抓入手中,稍一松手即散落;润时可呈一团,但一碰即散。

(2)砂壤土:干时可手握成团,但极易散落;润时握成团后,用手小心拿起不会散开。

(3)壤土:松软并有砂粒感、平滑、稍黏着。干时手握成团后,用手小心拿起不会散;润时握成团后,一般性触动不致散开。

(4)粉壤土:干时成块,但易弄碎,粉碎后松软,有粉质感。湿时成团或为塑性胶泥,干、润时成团块,均可随便拿起而不散开。湿时以拇指与食指搓捻不成条,呈断裂状。

(5)黏壤土:破碎后呈块状,土块干时坚硬。湿土可用拇指和食指搓捻成条,但往往经受不住它本身的重量,润时可塑,手握成团,手拿时更加不易散裂,反而变成坚实的土团。

(6)壤黏土:调水后用于摸时没有砂性感觉,湿时黏手,能揉成表面较光滑的泥条,弯成圆圈时不断裂,用手指压时可留下明显的指纹。

(7)黏土:干时常为坚硬的土块,润时极为可塑,通常有黏着性,手指间搓捻成长的可塑土条。

国际制与前苏联制土壤质地指感法鉴定标准见表1-1。

表1-1 土壤质地指感法鉴定标准

序号	质地名称		土壤状态	干捻感觉	能否湿搓成球	湿搓成条状况(2 cm粗)
	国际制	前苏联制				
1	砂土	砂土	松散的单粒状	捻之有沙沙声	不能成球	不能成条
2	砂壤土	砂壤土	不稳固的土块,轻压即碎	有砂质感觉	可成球,轻压即碎,无可塑性	勉强成断续短条,一碰即断
3	壤土	轻壤土	土块轻搓即碎	有砂质感觉,绝无沙沙声	可成球,压扁时,边缘有多而大的裂缝	可成条,提起即断
4	粉壤土		有较多的云母片	面粉质感觉	可成球,压扁边缘有大裂缝	可成条,弯成2 cm直径圆即断
5	黏壤土	中壤土	干时结块,湿时略黏	干土块较难捻碎	湿球压扁边缘有小裂缝	细土条弯成的圆环外缘有细裂缝
6	壤黏土	重壤土	干时结大块,湿时黏韧	土块硬,很难捻碎	湿球压扁边缘有细散裂缝	细土条弯成的圆环外缘无裂缝,压扁后有
7	黏土	黏土	干土块放在水中吸水很慢,湿时有滑腻感	土块坚硬捻不碎,用锤击亦难粉碎	湿球压扁的边缘无裂缝	压扁的细土环边缘无裂缝

6.松紧度

松紧度是反映土壤物理性状的指标。目前测定松紧度的方法,以及名词术语尚不统一。有的用坚实度,有的用硬度。坚实度是指单位容积的土壤被压缩时所需要的力,单位是 kg/cm^2;硬度是指土壤用以抵抗外力的阻力(抗压强度),单位是 Pa(帕)。松紧度应用特定仪器来测定。

测定土壤坚实度可使用土壤坚实度计,其使用方法如下。

(1)首先判断土壤的坚实状况,选用适当粗细的弹簧与探头类型。

(2)工作前,弹簧未受压时,套筒上游标的指示线,如为 kg 时,应指向零点,如深度为 cm 时,应指向5cm处。

(3)工作时,仪器应垂直于土面(或壁面),将探头揿入土中,至挡板接触到土面即可从游标指示线上获得读数,即探头的入土深度(cm)和探头体积所承受的压力(kg)。

（4）根据探头入土深度、探头的类型、弹簧的粗细，查阅有关土壤坚实度换算表，即得土壤坚实度的数值（kg/cm²）。

（5）每次测定完毕，必须将游标推回原处，以便重复测定，但必须防止游标产生微小滑动，以免造成测定误差。

（6）工作结束后，坚实度计必须擦刷干净，防止生锈，以保证其测定的精度。

在没有仪器的情况下，可用采土工具（剖面刀、取土铲、土钻等）来测定土壤的坚实度，其标准大体如下。

（1）极松：土钻、铁锹等放在土面，不加压力即能自行进入土体，如砂土。

（2）松：稍施加压力，土钻、铁锹即能进入土体，如壤土。

（3）紧：土壤结构较紧，必须用力，土钻、铁锹才能进入土体，如黏土、轻黏土。

（4）极紧：需用大力，铁锹才能进入土中，但速度慢，取出不易，而取出后有光滑的表面，如重黏土及具有柱状结构的心土层等。

7. 空隙

土壤空隙是指土壤结构体内部或土壤单位之间的空隙。土壤空隙可根据土体中空隙大小及多少表示（表1-2）。

表1-2　　　　　　　　　　　　　　　土壤空隙分级

空隙分级	细小空隙	小空隙	海绵状	蜂窝状	网眼状
孔径/mm	<1	1～3	3～5	5～10	>10

8. 新生体和侵入体

由于土壤存在多种利用方式，在土层中往往出现特点不同的新生体，如石灰结核、铁锰结核、锈纹锈斑、盐斑、假菌丝等。野外观察时，详细记载各种新生体的种类、性状、坚实度和厚度，在剖面中分布的特点，开始出现和终止出现的深度，大量集中的深度。根据新生体的性质和形状，可判断出土壤类型、发育过程及历史演变特征。

侵入体包括土壤中的砖块、瓦片、岩石碎块、死亡动物的骨骼、贝壳等，它们的存在与土壤形成作用一般没有直接的关系，但可以用来判断母质来源和古土层的存在情况。

9. 根系

土壤根系描述标准可分为四级（表1-3）。

表1-3　　　　　　　　　　　　　　　土壤根系

描述	没有根系	少量根系	中量根系	大量根系
标准（根条数/cm²）	0	1～4	5～10	>10

10. 碳酸盐反应

用10% HCl与样品反应，碳酸盐反应一般分为以下几级。

① 无石灰性反应：不起泡沫，碳酸盐含量小于1%，以"－"表示。

② 微石灰性反应：有微量泡沫，但消失很快，碳酸盐含量为3%～5%，以"＋"表示。

③ 中石灰性反应:有较多的泡沫,但不能持久,碳酸盐含量为 3‰～5‰,以"＋＋"表示。

④ 强石灰性反应:泡沫多而持久,碳酸盐含量大于 5‰,以"＋＋＋"表示。

11. 土壤 pH 值

用酸碱指示剂测定各层土壤的反应。

五、注意事项

土壤剖面的观察一般在野外,一定要听从指导老师安排,注意安全。

六、思考题

(1)根据土壤剖面观察结果,初步判断该土壤的肥力状况。

(2)设计土壤剖面记载表,并将相关数据填入表内。

实训二　土壤样品的采集与制备

一、实训目的

(1)掌握土壤样品的采集方法。

(2)掌握土壤样品的制备方法。

二、内容说明

土壤样品的采集与制备是土壤分析工作中的一个重要环节,其直接影响分析结果的准确性和应用价值,必须按科学的方法进行采样和制样。土壤样品的采集方法因分析目的不同而不同。为了研究土壤基本理化性状而进行的采样,应按土壤剖面层次,自下而上地分层采集各层中部的典型样品;为进行土壤物理性质测定而进行的采样,须采原状土样;为了解土壤肥力状况或研究植物生长期土壤养分的供求状况而进行的采样,一般采集耕作层土壤的混合样品。本实训主要完成耕作层土壤的混合样品的采集与制备。

三、主要仪器设备及用具

取土钻、小土铲、钢卷尺、布袋(或塑料袋)、标签、铅笔、木棒、镊子、土壤筛(1 mm 和 0.25 mm)、广口瓶、研钵和盛土盘等。

四、操作步骤与方法

(一)土壤样品采集

1. 样点设置

耕作层混合土壤样品的采集必须按照"随机""多点""均匀"的原则进行,使所采集土样具有代表性。样点设置应根据地形及面积而定。长条形地块以蛇形采样较好;地块面积小、地形平坦、肥力比较均匀的情况下,多用对角线采样或棋盘式采样(图1-2)。避免在路边、沟边、田边、肥料堆底和特殊地形部位选点,以减少土壤差异,提高样品的代表性。采样点的数目可根据分析精度要求及人力多寡而定,一般可根据采样区域大小和地力差异情况,采集5～20个点。采样时间一般在前作物收获之后、施肥之前进行。

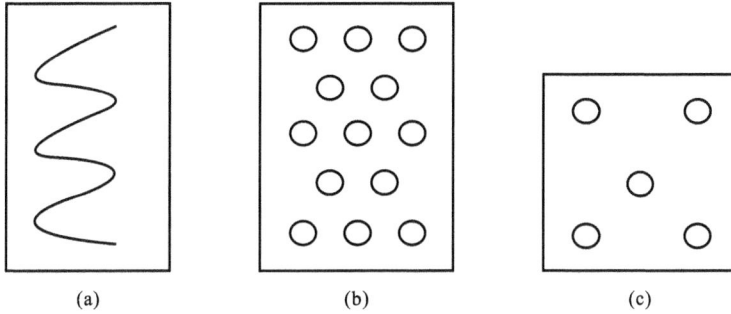

图1-2 取样点设置示意图
(a)蛇形;(b)棋盘式;(c)对角线

2.采样方法

在确定的采样点上,首先除去地面杂物及落叶,并将表土2～3 mm刮去,把土钻或小土铲垂直插入土内15～20 cm,通常耕作层取土深度为0～20 cm(注意土钻刻度)。如用小土铲取样,可用小土铲切取上下厚薄一致的薄片(图1-3)。各点所取土样要在深度、数量上尽量一致,上下土体均匀。所有样品集中起来,混合均匀。取样质量为1 kg左右。土样过多时,可将全部土样放在盘子或塑料布上,用手捏碎混匀,拣出有机残体、侵入体等,采用四分法将多余的土缩减至所需数量为止(图1-4)。

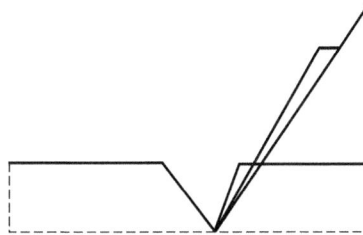

图1-3 土铲取样法

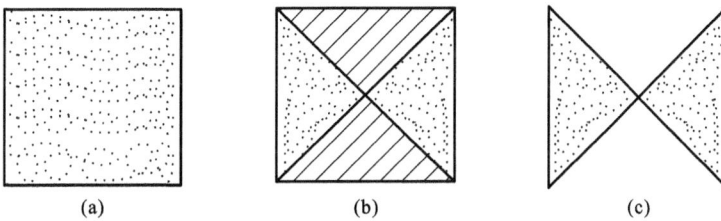

图1-4 四分法取舍土样
(a)第一步;(b)第二步;(c)第三步

3. 采样时间

为了解决随时出现的问题,需要测定土壤时,应随时采样;为了摸清土壤养分变化和作物生长规律,可按作物生育期定期采样;为了制订施肥计划,一般在前作物收获之后、施肥之前进行;为了了解施肥效果,则在作物生长期间,施肥的前后采样。

4. 装袋与填写标签

采好的土样可装入布袋(或塑料袋)中。土样装袋后,应立即书写标签,一式两份,一份放在袋内,另一份系在袋外。标签上应用铅笔写明土壤名称、采样地点、深度、样品编号、日期、采样人等。同时将此内容登记在专门的记录本上备查。

(二)土壤样品制备

除速效性养分、还原性物质的测定需用新鲜土样外,一般应及时将土样进行处理,以抑制微生物活动和化学变化,便于长期保存和提高分析结果的准确性。土壤样品的处理一般可分为以下几步进行。

1. 风干去杂

田间采回的土样,应立即捏成碎块,剔除侵入体等杂质后,铺在盛土盘中,摊成 2~3 cm 厚的薄层,放置在背光、通风、干燥、清洁的室内风干,严禁暴晒或受到酸性、碱性、氨等气体及灰尘的污染。风干过程中,要随时翻动,捏碎大土块,剔除植物残体、新生体与侵入体,一般经过 5~7 d 后可达风干要求。

2. 磨细过筛

将风干后的土样平铺在木板或塑料布上,用木棍或橡皮塞碾碎,边磨边筛,直到全部通过 1 mm 筛为止。石块、结核不易碾碎,量少时可弃去,如果捡出的石块、结核较多,应称重,并折算出百分率。如果仅做化学分析,可用粉碎机磨细。

通过 1 mm 筛后的土样,用四分法分成两份,一份供 pH 值、速效养分测定用;另一份继续磨细至全部通过 0.25 mm 筛;如需测定全磷、全钾,还应取出一部分通过 0.1 mm 筛。

应特别注意的是,在处理样品时,必须将全部土样通过 1 mm 筛并充分混匀后,再用四分法或多点取样法分取,不允许直接将通过 1 mm 筛的样品用 0.25 mm 的筛筛出一部分作为 0.25 mm 土样使用。

3. 装瓶贮存

过筛后的土样经充分混匀后,应装入具磨口塞的广口瓶中,内外各贴标签一张。标签上写明土样编号、采样地点、土壤名称、深度、粒径、采样人及日期等。制备好的土样应避免阳光、高温、潮湿或酸、碱性气体的影响与污染。

五、注意事项

(1)土壤是一个不均一体,它的影响因素较多。采取 1 kg 样品,再从其中取出几克或几百毫克,而足以代表一定面积的土壤,似乎要比正确的化学分析还困难些。实验室工作者只能对送来样品的分析结果负责,如果样品不符合要求,那么任何精密的仪器和熟练的分析技术都将毫无意义。因此,分析结果能否说明问题,关键在于采样。

(2)采取水田或烂泥土壤样品时,可将土样放入塑料盆(桶)中,将各点土样充分搅匀后,再取出所需数量的土样。

六、思考题

(1)在土样采集和制备过程中,应注意哪些问题?

(2)为什么取回的土样需制备后保存?

实训三　配方施肥技术

一、实训目的

(1)掌握配方施肥的基本方法。

(2)熟练掌握养分平衡法的基本技术。

二、内容说明

配方施肥是综合运用现代农业科技成果,根据作物需肥规律、土壤供肥性能与肥料效应,以有机肥为基础,提出氮、磷、钾和微量元素的适宜用量与比例,以及相应的施用技术的一项综合性科学施肥技术。它包含配方和施肥两方面的内容。配方的核心是根据土壤、作物状况,产前定肥、定量。施肥是肥料配方在作物生产过程中的执行,保证目标产量的实现。应根据土壤与作物特性来确定肥料的品种和用量,合理安排基肥和追肥的施用比例、次数、时期、用量。

(一)配方施肥的理论依据

(1)养分归还学说。配方施肥应解决作物需肥与土壤供肥的矛盾。作物的生长发育不但消耗土壤养分,而且消耗土壤有机质。因此,正确处理肥料投入与作物产出、用地与养地的关系,是提高作物产量和改善作物品质,维持和提高土壤肥力的重要措施。

(2)最小养分律。作物生长发育需要多种养分,但决定作物产量的是土壤中相对于作物需求含量最少的那种养分即最小养分,最小养分不是绝对不变的。作物在生长发育中所必需的多种营养元素之间要求有一定的比例关系。因此,有针对性地解决限制作物产量提高的最小养分,协调各营养元素之间的比例关系,实行氮、磷、钾、硫、钙、镁及微量元素肥料的配合施用,发挥各养分之间互相促进的作用,是配方施肥的重要依据。

(3)报酬递减律作物施肥增产曲线。该曲线证实了肥料投入报酬递减律的存在。因此,对某一作物品种的肥料投入量应该有一定的限制。在缺肥的中低产田,施用肥料的增产幅度大;而高产田,施用肥料的技术要求则比较严格。肥料的过量投入,将会导致肥料效益下降以致减产,因此,确定经济的肥料用量是配方施肥的核心。

(4)因子综合作用律。配方施肥是一项综合性技术体系,虽然其以确定不同养分的施肥量为主要内容,但是,为了发挥肥料的最大增产效益,施肥必须与选用良种、肥水管理、耕作制度、气候变化等影响肥效的诸多因素相结合,形成一套完整的施肥技术体系。

(二)配方施肥的基本方法

配方施肥可以分为地力分区(级)配方法和目标产量配方法。

(1)地力分区(级)配方法。地力分区(级)配方法是按土壤肥力高低分成若干等级,或划出一个肥力均等的地块作为一个配方区,利用土壤普查资料和以往田间试验的成果,结合生产实践经验,估算出这一配方区内比较适宜的肥料种类及其施用量。这种方法比较粗放,适用于生产水平差异小、基础较差的地区。

(2)目标产量配方法。目标产量配方法是根据作物产量的构成,由土壤和肥料两个方面供给养分的原理来计算肥料的施用量。目标产量确定后,计算作物需要吸收多少养分来施用肥料。目前,目标产量配方法已发展成为地力差减法和养分平衡法两种方法。

① 地力差减法:作物在不施任何肥料的情况下所得到的产量称为空白区产量,它所吸收的养分全部取自土壤,从目标产量中减去空白区产量,就是施肥所得的产量。

② 养分平衡法:以土壤养分测定值来计算土壤供肥量。施肥量可按下列公式计算:

$$土壤养分供应量(kg/hm^2)=土壤养分测定值(mg/kg)\times 2.25\times 校正系数$$

其中,2.25 是土壤养分测定值 mg/kg 换算成 kg/hm^2(土壤养分供应量和施肥量的单位)的乘数。若土壤养分供应量和施肥量的单位为 kg/亩时,这个乘数值应为 0.15。

$$土壤养分校正系数=\frac{土壤养分供应量(kg/hm^2)}{土壤养分测定值(mg/kg)\times 2.25}$$

$$施肥量(kg/hm^2)=\frac{目标产量\times 单位产量养分吸收量-土壤养分值\times 2.25\times 校正系数}{肥料中有效养分含量\times 肥料当季利用率}$$

$$施肥量(kg/亩)=\frac{目标产量\times 单位产量养分吸收量-土壤养分值\times 0.15\times 校正系数}{肥料中有效养分含量\times 肥料当季利用率}$$

(三)配方施肥的有关参数

(1)目标产量。目标产量是指作物生产所要获得的计划产量。配方施肥的核心就是要为一定的目标产量施用适量的肥料。目标产量应根据土壤肥力来确定,通常先做田间试验,将不施任何肥料的空白区产量和最高产量区的产量进行比较,在不同土壤肥力条件下,通过多点试验,获得大量的成对产量数据,以空白区产量作为土壤肥力的指标,求得一元一次方程式的经验公式。在推广配方施肥时,空白区产量常常不能预先获得,可采用当地前3年作物的平均产量作为基础,再增加 $10\%\sim 15\%$ 的比例,作为目标产量。

(2)单位产量养分吸收量。作物单位产量养分吸收量是指作物每形成一单位(1 kg 或 100 kg)经济产量,所吸收养分的数量。所吸收养分的数量是作物地上部分含有养分总量,可分别测定茎、叶、籽实的质量及其养分含量,累加获得。计算公式如下:

$$单位产量养分吸收量=\frac{作物地上部分含有养分总量}{作物经济产量}\times 应用单位(1 kg/100 kg)$$

由于作物对养分具有选择吸收的特性,作物组织的化学结构也较稳定,在推广中可以应用现成的科研成果。各种作物单位产量养分吸收量,一般可在肥料手册中查得。现以几种作物为例说明单位产量所吸收氮素、磷素、钾素养分量,见表1-4。

表 1-4　　　　　　主要作物单位产量所吸收氮素、磷素、钾素养分的参考数量[①]

农作物	收获物	形成 100 kg 经济产量所吸收的养分数量/kg		
		氮(N)	磷(P$_2$O$_5$)	钾(K$_2$O)
水稻	籽粒	2.80～3.15	1.44～1.68	1.56～1.80
春小麦	籽粒	3.00	1.00	2.50
大豆	豆粒	1.80	1.80	4.00
玉米	籽粒	1.44	1.44	1.80～2.40

注:大豆由于有根瘤的固氮作用,对氮肥的确定应按吸收量的 1/3 计算。

(3)校正系数。校正系数是指空白区作物实际吸收土壤养分量占土壤养分测定含量的比值。通过田间试验,可以用下列公式求得:

$$校正系数 = \frac{空白区作物实际吸收土壤养分量}{土壤养分测定含量} = \frac{空白区产量 \times 作物单位产量土壤养分吸收量}{土壤养分测定含量 \times 2.25}$$

(4)肥料利用率。肥料利用率是指当季作物从所施用肥料中吸收的养分占施入肥料养分总量的百分数。肥料利用率不是一个恒定值,它因作物种类、土壤肥力状况、气候条件、肥料用量、施用方法和施用时期不同而不同。通过地力差减法试验,利用施肥区农作物吸收养分量减去缺肥区农作物吸收养分量,其差值视为肥料供应的养分量,再除以施入肥料养分总量,其商就是肥料利用率。计算公式如下:

$$肥料利用率 = \frac{施肥区农作物吸收养分量 - 缺肥区农作物吸收养分量}{肥料施用量 \times 肥料中养分含量} \times 100\%$$

三、主要仪器设备及用具

肥料品种资料、施用肥料增产效应资料、肥料利用率资料、主要作物需肥规律资料、主要作物丰产栽培资料。

四、操作步骤与方法

从大豆、玉米、水稻、小麦中选择一种作物。

(一)配方

(1)确定目标产量。查阅选定作物当地前 3 年产量,求其平均值,并以平均值为基础,增加 10%～15% 产量作为目标产量。

(2)计算实现目标产量所需养分量。查阅当地作物肥料试验资料和有关文献资料,确定作物形成 100 kg 经济产量所需氮素、磷素、钾素养分各自的数量(kg)。

目标产量需氮(N)量(kg/hm^2)＝目标产量(kg/hm^2)×单位产量需氮量(kg/100 kg)

目标产量需磷(P$_2$O$_5$)量(kg/hm^2)＝目标产量(kg/hm^2)×单位产量需磷量(kg/100 kg)

目标产量需钾(K$_2$O)量(kg/hm^2)＝目标产量(kg/hm^2)×单位产量需钾量(kg/100 kg)

[①]　吕英华,秦双月.测土与施肥.北京:中国农业出版社,2002.

(3)计算土壤供给养分量。查阅当地肥料试验资料,确定作物对土壤速效养分的当季利用率,即为校正系数。分别计算土壤氮素、磷素、钾素的供给量。

土壤氮素养分供给量(kg/hm^2)＝土壤碱解氮测定值$(mg/kg)×2.25×$校正系数

土壤磷素养分供给量(kg/hm^2)＝土壤速效磷测定值$(mg/kg)×2.25×$校正系数

土壤钾素养分供给量(kg/hm^2)＝土壤速效钾测定值$(mg/kg)×2.25×$校正系数

(4)计算有机肥供给养分量。根据当地有机肥资源情况和地力培肥的需要,确定有机肥的施用量,测定或查阅有机肥氮素、磷素、钾素的含量,查阅有机肥养分的当季利用率。计算有机肥各种养分的供给量。

有机肥供给氮素量(kg/hm^2)＝有机肥施用量$(mg/kg)×$氮素含量$(\%)×$氮素利用率

有机肥供给磷素量(kg/hm^2)＝有机肥施用量$(mg/kg)×$磷素含量$(\%)×$磷素利用率

有机肥供给钾素量(kg/hm^2)＝有机肥施用量$(mg/kg)×$钾素含量$(\%)×$钾素利用率

(5)选用化学肥料品种。调查当地肥料经销的氮肥、磷肥、钾肥品种,选用氮素、磷素、钾素营养供给所用的肥料品种。并核定各种肥料的氮素、磷素、钾素含量。

(6)确定化学养分肥料利用率。查阅选定作物当地近年肥料试验资料,确定各选用肥料品种的当季养分利用率。

(7)计算化学肥料施用量。

$$氮肥施用量(kg/hm^2)=\frac{目标产量需氮量-土壤供氮量-有机肥供氮量}{肥料氮素养分含量×肥料氮素当季利用率}$$

$$磷肥施用量(kg/hm^2)=\frac{目标产量需磷量-土壤供磷量-有机肥供磷量}{肥料磷素养分含量×肥料磷素当季利用率}$$

$$钾肥施用量(kg/hm^2)=\frac{目标产量需钾量-土壤供钾量-有机肥供钾量}{肥料钾素养分含量×肥料钾素当季利用率}$$

(二)施肥

(1)有机肥料的施用。明确有机肥料的施用时间、施用方法及施用技术要求。

(2)氮素化学肥料的施用。明确基肥、种肥、追肥所占比例,施用时间和施用方法。

(3)磷素化学肥料的施用。明确基肥、种肥、追肥所占比例,施用时间和施用方法。

(4)钾素化学肥料的施用。明确基肥、种肥、追肥所占比例,施用时间和施用方法。

(5)制作施肥技术卡片。将复杂的配方施肥技术进行简化,将技术要点制作成卡片,卡片要简明易懂,便于操作。施肥技术卡片样式可参考表1-5。

表1-5　　　　　　　　　　　　　　　　**施肥技术卡片样式**

	姓名		地块地点		地块编号		面积/hm^2	
基本情况	配方施肥方法			施肥养分总量/kg		N	P_2O_5	K_2O
	作物品种		目标产量/(kg/km^2)		土壤速效养分状况	N	P_2O_5	K_2O
	土壤类型		保苗株数/(万株/hm^2)					

续表

肥料种类和施肥技术	施肥次数和作物生育期	肥料名称及施用量/(kg/hm²)					施肥日期	施肥方法	备注
		有机肥	尿素						

五、注意事项

样品采集是配方施肥技术的一个重要环节,是如实反映土壤养分状况的先决条件。如样品采集不标准,将会影响土壤养分的真实性。在采样时要掌握好以下几点。

(1) 要有足够的分样点,一般每个采样点要有 15～20 个分样点。分样点越少,采样点的代表性就越小。

(2) 分样点要在整个地块中均匀分布。分样点越集中,采样点的代表性就越小。

(3) 不要在田埂、沟渠边、林带内、分堆旁取土。

(4) 采样深度要一致。根据取土钻的刻度严格控制,不要忽深忽浅。

六、思考题

(1) 配方施肥技术在实施过程中应抓好哪几个环节?

(2) 配方施肥的作用?

实训四 常用化学肥料的定性鉴定

一、实训目的

掌握常用化学肥料的一般鉴定方法。

二、内容说明

许多化学肥料外形相似,在运输或贮存过程中常因包装不好或改换容器,造成混杂,以致外观上很难区别,造成误用。因此必须鉴定其中主要的物理、化学特征,确定其属于何种肥料,否则会造成施用上的错误,降低肥效,甚至发生肥害。化学肥料的定性鉴定主要是利用不同化学肥料特殊的理化性质进行区别,物理鉴定主要是通过外表观察和溶解度试验进行区别;化学鉴定主要是通过加碱性物质混合、灼烧反应和试剂检验等方法,鉴别出化学肥料的种类、成分和名称。

三、主要仪器设备及用具

(1)实验材料。

尿素、磷肥、硝酸铵、氯化铵、硫酸铵、钾肥。

13

（2）主要仪器及用具。

电子天平、酒精灯、铁片、试管、竹夹、红色石蕊试纸等。

（3）药品试剂。

① 2.5％氯化钡溶液：称取 2.5 g 氯化钡（化学纯）溶解于 100 mL 水中，摇匀。

② 1％硝酸银溶液：称取 1.0 g 硝酸银（化学纯）溶解于 100 mL 水中，贮存于棕色瓶中，注意配制时要避光，使用的水要不含氯。

③ 钼酸铵-硝酸溶液：称取 15 g 钼酸铵（化学纯）溶解于 100 mL 水中，然后将此溶液缓慢倒入 100 mL 硝酸中（比重 1.2），不断搅拌至白色钼沉淀溶解，放置 24 h 备用。

④ 20％亚硝酸钴钠溶液：称取亚硝酸钴钠[$Na_3Co(NO_2)_6$]20 g 溶解于 100 mL 水中。

⑤ 5％稀盐酸溶液：吸取 5 mL 浓盐酸溶解于 100 mL 水中。

⑥ 0.5％硫酸铜溶液：称取 0.5 g 硫酸铜（化学纯）溶解于 100 mL 水中。

⑦ 10％氢氧化钠溶液：称取 10.0 g 氢氧化钠（化学纯）溶解于 100 mL 水中。

四、操作步骤与方法

（一）外表观察

通过结构（晶体和非晶体）、形状、颜色、气味和吸湿性等总体上对氮、磷、钾肥料进行区别。如从结构看，氮肥和钾肥大部分是结晶体。属于这一类的有：碳酸氢铵、硝酸铵、硫酸铵、氯化铵、尿素、氯化钾、硫酸钾、硝酸钾、钾镁肥、磷酸铵等。磷肥大部分是非结晶体而呈粉末状。属于这一类的有过磷酸钙、磷矿粉、钢渣磷肥、钙镁磷肥等。石灰氮也为粉状。

（二）溶解度试验

对于采用外表观察分辨有困难的品种，可进一步通过溶解度试验加以辨别。其方法为：取一支大试管，加水约 20 mL，然后用角勺取一小勺化学肥料样品于水中，搅动或摇动 1 min，静置观察底部是否有沉淀，确定其水溶性。水溶性可分为完全溶性、显著溶性（1/3 以上溶解）、微溶解（1/3 以下溶解）或不溶解、微溶于水。

（1）一般完全溶性的有尿素、硫酸铵、氯化铵、硝酸铵、硝酸钾、硫酸钾、氯化钾、磷酸铵等。

（2）显著溶性的有过磷酸钙、重过磷酸钙、磷酸铵钙等。

（3）微溶解或不溶解的有钙镁磷肥、沉淀磷酸钙、钢渣磷肥、脱氟磷肥、磷矿粉等。

（4）微溶于水，同时有气泡产生并闻到"电石"气味的是石灰氮。

（三）加碱性物质混合

取少许化学肥料放入手中，加少量碱面用拇指搓，然后用手扇动，闻其气味，则可以确认出铵态氮肥、含铵的复合肥和含铵的混合肥。

（四）灼烧反应

灼烧反应分两种，一种是直接灼烧，另一种是放入试管中灼烧。

1. 直接灼烧

用燃烧勺取少许化学肥料放在酒精灯外焰上灼烧或取少许化学肥料放到烧红的铁片上或木炭上观察其变化。

(1)尿素:迅速熔化,冒白烟,有氨味,有残烬。

(2)硫酸铵:逐步熔化,并出现沸腾状,冒白烟,有氨味,有残烬。

(3)硝酸铵:边熔化边燃烧,冒白烟,有氨味。

(4)氯化铵:不易熔化,并出现升华状,白烟甚浓,有氨味和盐酸气味。

(5)钾肥:一般无变化,但有"撕裂或爆裂"声。

(6)磷肥:多数磷肥出现烧"胶皮"或"头发"的气味,并呈黑色。

2. 放入试管中灼烧

取少许化学肥料放入干燥的试管中,用竹夹夹住试管(试管口向上倾斜放置),放在酒精灯上加热并观察。

(1)尿素:迅速熔化,有氨味,很快挥发,能使红色的石蕊试纸变蓝,有残烬留在试管底部。

(2)硫酸铵:逐步熔化,有氨味,能使红色石蕊试纸变蓝,有残烬留在试管底部。

(3)硝酸铵:迅速熔化,沸腾,能使红色石蕊试纸变蓝,继续加热后试纸马上变回红色,是硝酸铵特有的反应。

(4)氯化铵:不熔化但出现升华状,在试管上部冷的部位生成白色的雾状膜,是氯化铵特有的反应。

(五)试剂检验

通过上述方法不能鉴定的化学肥料,可进一步用试剂鉴定。

(1)取少量化学肥料放入试管中,加 5 mL 水,待完全溶解后,加 2.5% 氯化钡溶液 5 滴,产生白色沉淀($SO_4^{2-} + Ba^{2+} \rightarrow BaSO_4 \downarrow$),当加入稀盐酸呈酸性时,沉淀不溶解,证明有硫酸根存在。

(2)取少量化学肥料放入试管中,加 5 mL 水,等完全溶解后,滴加 1‰ 硝酸银溶液 5 滴,产生白色絮状沉淀($Cl^- + Ag^+ \rightarrow AgCl \downarrow$),当加稀硝酸沉淀不溶解时,证明有氯离子存在。

(3)取少量化学肥料放入试管中,加 5 mL 水使其溶解,如溶液混浊不能完全溶解时,可待沉淀后,取其上部澄清液于另一试管中,加入钼酸铵-硝酸溶液 2 mL,摇匀后如出现黄色沉淀,证明有水溶性磷存在。

(4)取少量化学肥料放入试管中(加碱性物质混合不产生氨味的肥料),加 5 mL 水,待完全溶解后,滴加 20% 亚硝酸钴钠溶液 3 滴,产生黄色沉淀[$2K^+ + Na_3Co(NO_2)_6 \rightarrow K_2NaCo(NO_2)_6 + 2Na^+$],证明有钾存在。

当加碱性物质混合和灼烧反应,证明肥料中有氨,又经试剂检验含有硫酸根,而不含其他阴离子时,可证明此肥料是硫酸铵;经试剂检验含有氯离子,可证明此肥料是氯化铵。

当加入碱性物质混合和灼烧反应,证明肥料中不含氯而含钾,经试剂检验含钾和硫酸根时,可证明此肥料是硫酸钾;经试剂检验含钾和氯时,可证明此肥料是氯化钾。

当加入碱性物质混合和灼烧反应,证明肥料中含有氨,又经试剂检验含有磷,可证明此肥料是磷酸铵类肥料。当加入碱性物质混合和灼烧反应,证明肥料中不含氨而含钾,经试剂检验含钾和磷,可证明此肥料是磷酸钾类肥料。

（5）尿素用试剂验证,取约 1 g 化学肥料放入试管中,在酒精灯上加热使之熔化,稍冷却后,加入 2 mL 水,滴加 10％氢氧化钠溶液 5 滴,溶解后,再加 0.5％硫酸铜溶液 3 滴,如出现紫红色,可证明是尿素。

五、注意事项

在化学肥料定性鉴定中,应掌握下列原则:能用物理方法鉴别出的不用化学方法;能用加碱性物质混合和灼烧反应鉴别出的不用试剂检验;在试剂检验中,必须排除不含铵态氮后,方可使用鉴别钾的试剂[NH_4^+ 和 K^+ 都和 $Na_3Co(NO_2)_6$ 反应,产生黄色沉淀]。

六、思考题

化学肥料定性鉴定是从哪些方面着手的?

实训五 植物的溶液培养和缺乏必要元素时的症状

一、实训目的

（1）学习溶液培养的技术。
（2）验证 N、P、K、Ca、Mg、Fe 诸元素对植物生长发育的重要性。

二、内容说明

植物必须有必要的矿质元素供应,才能保证正常的生长发育。如缺少某一元素,植物便表现出缺素症。把这些必要的矿质元素以适当的无机盐形式配成培养液,即能使植物正常生长,这就是溶液培养。

三、主要仪器设备及用具

（1）实训材料:烟草幼苗。
（2）主要仪器及用具:移液管、搪瓷盘（带盖）、烧杯、量筒、培养缸、试剂瓶、移液管、海绵。
（3）药品试剂：KNO_3、 $MgSO_4$、 KH_2PO_4、 K_2SO_4、 Na_2SO_4、 NaH_2PO_4、 $NaNO_3$、$Ca(NO_3)_2$、$CaCl_2$、$FeSO_4 \cdot 7H_2O$、EDTA-2Na(乙二铵四乙酸二钠)。
（4）大量元素及 EDTA-Fe 母液分别按表 1-6 单独配制。

表 1-6 　　　　　　　　**各种大量元素及 EDTA-Fe 母液的配制**

营养盐	浓度/(g/L)
$Ca(NO_3)_2 \cdot 4H_2O$	236
KNO_3	102
$MgSO_4 \cdot 7H_2O$	98

营养盐	浓度/(g/L)
KH_2PO_4	27
K_2SO_4	88
$CaCl_2$	111
NaH_2PO_4	24
$NaNO_3$	170
Na_2SO_4	21
EDTA-2Na	7.45
$FeSO_4 \cdot 7H_2O$	5.57

注:EDTA-2Na 和 $FeSO_4 \cdot 7H_2O$ 混合即为 EDTA-Fe。

(5)微量元素混合母液的配制:称取 H_3BO_4 2.86 g、$MnCl_2 \cdot 4H_2O$ 1.81g、$CuSO_4 \cdot 5H_2O$ 0.08g、$ZnSO_4 \cdot 7H_2O$ 0.22g、H_2MoO_4 0.09g,溶于 1000 mL 蒸馏水中,即为微量元素混合母液。

四、操作步骤与方法

(1)取 7 个培养缸,分别贴上完全培养液、缺 N、缺 P、缺 K、缺 Ca、缺 Mg、缺 Fe 标签,按表 1-7 配制不同培养液。

表 1-7 培养液配方

贮备母液	每 100 mL 培养液中贮备母液的用量/mL						
	完全培养液	缺 N	缺 P	缺 K	缺 Ca	缺 Mg	缺 Fe
$Ca(NO_3)_2 \cdot 4H_2O$	0.5	—	0.5	0.5	—	0.5	0.5
KNO_3	0.5	—	0.5	—	0.5	0.5	0.5
$MgSO_4 \cdot 7H_2O$	0.5	0.5	0.5	0.5	0.5	—	0.5
KH_2PO_4	0.5	0.5	—	—	0.5	0.5	0.5
K_2SO_4	—	0.5	0.1	—	—	—	—
$CaCl_2$	—	0.5	—	—	—	—	—
NaH_2PO_4	—	—	—	0.5	—	—	—
$NaNO_3$	—	—	—	0.5	0.5	—	—
Na_2SO_4	—	—	—	—	—	0.5	—
EDTA-Fe	0.5	0.5	0.5	0.5	0.5	0.5	—
微量元素	0.1	0.1	0.1	0.1	0.1	0.1	0.1

(2)用海绵把植株幼茎包绕后,固定于缸盖中间圆孔中,使根部浸入培养液,将培养缸置于阳光充足、温度适宜(20~25 ℃)的地方培养。

(3)实验开始后每 2 d 观察一次,注意记录缺少必要元素时幼苗所表现的症状及最先出现症状的部位。用精密 pH 试纸检测培养液的 pH 值,如 pH 值高于 6,应用稀盐酸将其调整到 5~6。培养液每周更换一次。为使幼苗根部生长良好,在缸盖与培养液间应保留一定空隙,以利通气。待各缺素培养液中的幼苗表现出明显的症状后,将缺素培养液一律更换为完全培养液,然后观察、记录症状逐步消失的情况。

五、思考题

(1)为什么说溶液培养是研究矿质营养的重要方法?

(2)根据实验结果,叙述烟草幼苗缺乏大量元素时所表现的症状并分析其原因。

模块二 田间试验技术篇

实训一 田间试验方案制订

一、实训目的

掌握田间试验方案制订的方法。

二、内容说明

田间试验方案是根据试验目的和要求所拟订的将在试验中进行比较的一组试验处理的总称,是试验各个过程的全面设计,也是进行田间试验的前提和基础。通过实训,学生应掌握随机区组试验方案设计的必备理论知识,以及随机区组试验方案制订的方法,为开展科学试验奠定基础。

三、主要仪器设备及用具

直尺、计算器、农业科学资料。

四、操作步骤与方法

(1)资料收集。查阅有关农业科学资料,结合当时、当地生产情况及存在问题确定试验课题。要了解该课题目前在国内外发展的趋势、存在的问题和亟待解决的问题等。

(2)确定标题并明确试验目的。试验课题的标题要言简意赅,能准确表达试验的中心思想。试验目的要写明本试验要解决什么问题,预期达到什么效果。

(3)试验材料与试验地基本情况。试验材料包括所需试验工具、机械、机器、种子、化肥、农药等;试验地基本情况主要是土壤类型、肥力、地势、前茬作物、整地日期、方法、质量、pH值等基本情况。

(4)方案的设计。写明各处理水平的具体要求,如肥力试验要确定肥料种类、用量、施用方法、时间、次数等。

(5)小区设计。写明本试验小区排列方式、小区面积(长×宽)、重复次数、保护行、走道、对照区等的具体设计。

(6)田间管理方法。写明田间管理具体要求、方法、数量、次数及收获的方式。

(7)田间调查与室内考种项目。根据试验目的及作物的不同种类,田间调查记载和室内考种项目均有所不同,但要突出重点,并将田间调查和室内考种项目列成表格。

(8)完成本试验所需人力、物力、资金、年限等。

(9)绘制田间种植图,将小区、区组、保护行、走道、各处理的排列方式都清晰地绘制出来。

(10)试验方案的基本内容(以随机区组试验设计为例)。

标题:×××××试验研究(居中)

单位名称与年度:略。

① 试验目的。本试验要解决什么问题,预期达到什么效果。

② 试验材料。略。

③ 方案设计。试验处理水平、随机区组设计、小区面积(长×宽)、重复次数、保护行、走道、对照区等具体设计。

④ 试验地基本情况。气候条件分析、土壤肥力、施肥水平和灌溉等基本情况。

⑤ 田间管理方法。

⑥ 田间调查与室内考种项目。

⑦ 完成本试验所需人力、物力、资金、年限等。

⑧ 绘制田间种植图。

五、注意事项

(1)要有明确的目的。从生产实际出发,抓住限制因子做试验,不可求全求大,处理数过多,不但工作量大,而且不容易得到正确结果。

(2)要有严密的可比性。要想分析出试验处理或试验因素的效应,必须遵循单一差异原则,即试验中,除了要比较的因素外,其他因素均保持不变或一致,使试验具有可比性。

(3)要提高试验效率。提高试验效率的有效途径是适当减少试验因素。提高试验效率要注意因素水平的设计,要有一定的差异量,使之有明显的效应差。但也不要因差异过大而失去代表性。

六、思考题

(1)田间试验方案制订有哪些基本原则?

(2)为什么要绘制田间种植图?

实训二 试验地区划与播种

一、实训目的

(1)了解试验地区划的主要内容。

(2)掌握试验地区划和播种要点。

二、内容说明

试验地区划与播种是田间试验的基础,试验地区划就是把试验方案设计的田间种植图在田间进行实际放大,也就是确定试验小区、保护行、走道等在田间的确切位置。准确的试验地区划可以使试验有序进行,并能降低试验误差。通常先计算好整个试验区的总长度和总宽度,然后根据土壤肥力差异划分试验小区、保护行和走道等。在不方整的土地上设置试验时,可按照勾股定理画出直角。播种是做好田间试验的重要环节,应做到准确无误,切忌出现差错。播种时应力求种子均匀,深浅一致。如果是机器播种,小区形状要符合机器播种要求,调好播种量,行走速度要均匀一致。

三、主要仪器设备及用具

(1)实训材料:种子。

(2)主要仪器及用具:皮尺、测绳、标牌、木桩、细绳、铁锹、锄头、电子天平(感量 0.1 g)、种子袋、布袋等。

(3)药品试剂:有机肥料、化学肥料等。

四、操作步骤与方法

(一)试验地区划

1.试验区的位置确定

(1)在选好的地块上先量出试验区的一个长边的总长度(包括小区长、区组间走道宽、两端保护行长等),并在两端钉上木桩作为标记。

(2)以这个固定边作为基本线,于一端拉一条与基本线垂直的线,定为宽度基本线。依据勾股定理确定直角,即先在长边的基本线上量 3 m 为 AB 边,以 B 为基点再拐向宽边量出 4 m 为 BC 边,用 5 m 一段的长度连接成 AC 边作为三角形的斜边。如果斜边的长度恰好是 5 m,证明是直角。如果不是 5 m 说明不是直角,应重新测量直到准确为止。

(3)沿着已确定的直角线将宽边延长到需要的长度,在终点处做出标记,采用同样的方法确定其他三个直角,并把两个宽边与另一长边都区划出来,这样试验区总的位置及轮廓就确定了。

2.区组确定

沿着试验区的长边将保护行、走道、试验小区行长的长度区划出来,要求在两个长边同时进行,钉上木桩,用细绳将两端连接起来,使区组间的走道平直,用铁锹、锄头在垄上做出标记。

3.小区确定

沿着每个重复的长边将小区的宽度区划出来,按田间种植图将各小区标牌插在每个小区的第一行顶端处,如果是垄作地块,则宽度直接按小区行数数出来即可。

(二)播种

1.种子摆放

将事先称好并编好号的种子袋按田间种植图设定的位置放到相对应的标牌旁,并核对种子袋编号是否与所插标牌一致。经核对无误方可播种。

2.开沟(刨埯)

如果是密植作物可用锄头开沟,沟深要求一致,长度稍稍超过规定的长度。如果是中耕作物,可用绳做标记划出穴距,然后开沟,深浅应一致。

3.播种

打开种子袋前再次核对种子袋与标牌,确定无误后方可播种。质量要求均匀一致(尤其是密植作物,应先稀播,再找匀),一个处理全部播完后再覆土。覆土厚薄要均匀,播完后种子袋要放回该处理的标牌下,以便最后核对。如果是机器播种,播种量与机器行走速度要一致,并且种子必须播在一条直线上。

4.核对

试验区全部播种完后将种子袋收起,此时要再将种子袋与标牌核对一遍。如果发现有差错则及时纠正,更改田间种植图,并加以注释。

五、注意事项

(1)试验区的四角一定要成直角。
(2)如果试验区很大,1 d之内不能播完,则同一区组必须在1 d内完成。
(3)务必有效避免混杂。

六、思考题

(1)为什么要进行试验地区划?试验区四周的直角是怎样确定的?
(2)播种前后为什么要反复核对种子袋与标牌是否吻合?

实训三 田间调查、计产与考种

一、实训目的

(1)了解田间调查和考种的方法。
(2)掌握田间计产的方法。

二、内容说明

田间调查、计产、考种是田间试验数据收集与获得的基本技能,本项技能与试验结果是否准确、可靠关系密切。其中,田间调查是获取试验数据的基本手段,调查方法的准确程度直接影响数据的准确程度,而考种是针对样本进行植物形态的观察、产量构成因素的调查,其目的是为该试验的最终结果是否可靠提供科学依据。考种的项目可因作物不同、试验任务不同做出不同选择,一般都是与产量构成因素相关的性状。

三、主要仪器设备及用具

(1)实训材料:作物样品。

(2)主要仪器及用具:记录本、铅笔、细绳、标牌、镰刀、计算器、卷尺、电子天平、种子袋、布袋、运输工具等。

四、操作步骤与方法

(一)田间调查

(1)调查与取样。按试验方案设计的调查项目、取样方法,及时到田间进行调查与取样。

(2)测量、记载。按调查项目及时填写调查日记或调查表,记载要清楚、准确、简明、易懂。

(二)收获

(1)收获前的准备。先将各种收获工具准备好。

(2)不计产面积的收获。在收获前先按设计割去试验小区保护行、边行与两端,核对无误运走。

(3)考种样品的采取。在处理小区中按计划随机连根拔取考种样品,挂上标牌,写明处理与重复号。

(4)计产面积的收获。每个处理小区单收单放,用细绳捆好,并挂上标牌,标牌上写明收获日期、品种名称、处理代号、重复代号、收获人姓名等,且要严防混杂。

(三)考种

(1)将考种样本按处理编号摆放在桌子上,打开捆绑的细绳,取下标牌,在调查项目表上记下该标牌的处理、重复等内容。

(2)按考种项目逐项进行,每一项按测定标准进行,并及时、准确记载。

(3)将记载的数据进行初步整理,计算总和、平均数等。

五、注意事项

(1)收获、脱粒、测产等时期,切勿发生混杂。

(2)考种样本一定要保存较完整的根系,因为组成部分不全是不能作为样本的。

六、思考题

(1)简述田间试验调查的取样方法。

(2)考种样品为什么要连根拔取?

实训四　田间试验总结

一、实训目的

(1)掌握数据整理的方法。

(2)掌握数据的统计分析能力。

二、内容说明

在田间试验过程中通过观察、记载和考种,获得大量的数据,这些数据都是独立的、杂乱无章的,既无任何规律,又不能反映客观情况。经过整理,杂乱无章的数据变得有规律,从中找出数据的集中与分散状况,并绘制成统计图或统计表,使数据所反映的特征、特性能一目了然。结合试验地情况、气候条件、栽培管理等情况,对试验中表现的规律性和存在的问题做出科学的评判和结论,以书面形式写出总结。

三、主要仪器设备及用具

(1)实训材料:田间调查与考种资料。

(2)主要仪器及用具:铅笔、直尺、计算器或安装了统计分析软件的计算机等。

四、操作步骤与方法相关说明

(1)试验名称。要求言简意赅,通过试验名称就可看出是什么试验。

(2)试验目的。说明为什么要做,期望解决什么问题,在生产和科学上有什么意义。

(3)试验材料。简要说明试验处理及对照所用材料的名称。

(4)试验地的基本情况与田间管理措施。写明在什么地方做的试验、土壤情况、整地、施肥、播种及田间一系列管理技术措施和气象资料等。

(5)试验的田间设计。说明小区排列方法、小区面积、重复次数等。

(6)试验结果和统计分析。这是总结的主要部分,它包括生育期的观察、田间调查记载的资料、室内考种和产量结果分析等图表。将这些资料综合分析,比较评定,从中找出不同处理的增产或减产的原因,并用文字加以说明。文字叙述力求简练明确,重点突出。

(7)结论。根据上述分析结果,对试验中所提出的某项技术措施或某个品种是否有推广价值,是否还需要继续进行试验,应做出正确的评价。

五、思考题

(1)田间试验总结主要内容应包括哪些?

(2)怎样才能根据试验结果得出较为科学的结论?

模块三 植保技术篇

实训一 水稻主要病害的识别

一、实训目的

(1)掌握水稻主要病害的症状特点。

(2)掌握水稻主要病害病原物的形态特征。

二、内容说明

水稻病害种类很多,全世界有100多种,我国记载的有70多种,发生普遍、危害较重的病害20多种。其中稻瘟病、纹枯病和白叶枯病发生面积大,流行性强,危害大,一直被认为是水稻的三大病害。病毒病是我国南方稻区的重要病害,主要有普通矮缩病、黑条矮缩病、黄矮病和条纹叶枯病等。水稻恶苗病、干尖线虫病为种传病害,目前在部分地区有所回升,造成严重损失。近年来,由于品种的更换和施肥水平的提高,稻曲病的发生不断加重。水稻细菌性条斑病为国内检疫性病害,现已蔓延至长江以北地区。随着杂交稻的推广,杂交稻种田的粒黑粉病发生严重,已成为局部地区水稻的重要病害。

三、主要仪器设备及用具

(1)实训材料:水稻病害(稻瘟病、稻纹枯病、稻恶苗病、稻曲病、稻粒黑粉病、稻菌核秆腐病、稻叶尖枯病、稻云形病、稻叶黑粉病、稻叶鞘腐败病、稻苗期病害、稻胡麻斑病、稻窄条斑病、稻白叶枯病、稻细菌性条斑病、稻细菌性基腐病、稻黄萎病、稻干尖线虫病、稻赤枯病等)标本、新鲜病组织材料、病原物玻片或培养的新鲜菌体、挂图、多媒体教学课件等。

(2)主要仪器及用具:仪器用品幻灯机、投影仪、计算机及多媒体教学设备,显微镜、载玻片、盖玻片、解剖刀、刀片、挑针、纱布、徒手切片工具、擦镜纸等。

(3)药品试剂:蒸馏水滴瓶、革兰氏染色液一套、香柏油、二甲苯等。

四、操作步骤与方法

(一)稻瘟病

1.症状

整个生育期都可发生,为害秧苗、叶、节、穗等,分别称为苗瘟、叶瘟、节瘟和穗瘟。除叶片病斑外,其余部位症状大多为病组织变褐色,湿度大时有灰色霉层。叶片病斑有以下几种类型:① 慢性型。病斑为梭形,两端有延长的褐色坏死线,病斑最外层为黄色晕圈,内层为褐色,中央呈灰白色,一般于病斑背面产生霉层。② 急性型。病斑为水渍状不规则形,叶片正反两面均产生大量霉层。③ 白点型。病斑为白色近圆形小斑点。④ 褐点型。病斑是褐色小点,仅限于叶脉之间。注意观察各种病害症状发生部位、形状、颜色、有无霉层等,联系品种抗病性、生育期和环境条件分析各种叶片病斑类型的特征与发展趋势,比较慢性型病斑和急性型病斑的差异。

2.病原

稻梨孢(*Pyricularia grisea*)属半知菌门梨孢属真菌。分生孢子梗由病组织气孔成簇生出,淡褐色,顶端曲折状,分生孢子无色或淡褐色,洋梨形,顶端钝尖,基部钝圆,具两个隔膜,孢子基部足细胞明显。用挑针从病组织表面挑取少量霉层制片,观察分生孢子大小、颜色、隔膜数;病组织徒手切片,观察分生孢子梗着生、颜色和顶端曲折状特点。

(二)稻纹枯病

1.症状

主要为害叶鞘,也可侵染叶片。病斑形状为云纹状,边缘呈暗绿色,中央呈灰绿色,病部有白色蛛丝状菌丝和菌核。天气干燥时,病斑边缘呈褐色,中央呈灰白色。发病后期病部还可见白色粉状霉层,为病菌的担子和担孢子。观察病害标本,注意病斑发生部位、扩展方向、子实体类型。

2.病原

立枯丝核菌(*Rhizoctonia solani*)属半知菌门丝核属真菌。菌丝初期无色,后变淡褐色,分枝近直角,分枝处稍缢缩,近分枝处有一隔膜。该菌不产生分生孢子,易产生菌核,菌核呈黄褐色,为扁球状或不规则形。挑取少量菌丝制片镜检,注意菌丝色泽、分枝和隔膜特点,比较幼嫩菌丝和老熟菌丝形态差异。观察PDA培养基上菌核产生情况。

(三)稻恶苗病

1.症状

秧田期最明显的症状是徒长,病苗比健苗高,颜色为黄绿色,植株细弱。成株期叶鞘和茎秆上产生淡红色或白色粉状物,后期常见蓝黑色颗粒状物。剥开叶鞘,茎秆上有褐色条斑,茎节上长出倒生的不定根。注意苗期和成株期的症状特点,病苗是否比健苗高、黄、瘦,病株茎节处有无不定根,叶鞘表面子实体是何种类型。

2.病原

有性态藤仓赤霉(*Gibberella fujikuroi*)为子囊菌门赤霉属真菌,无性态串珠镰孢(*Fusarium moniliforme*)为半知菌门镰刀菌属真菌。子囊壳呈蓝黑色,球形,子囊呈圆筒形,基部较细,子囊孢子呈长椭圆形,无色双胞。分生孢子以小型分生孢子为主,链状着生或簇生,无色,单胞,多为卵形和椭圆形。挑取病部霉层观察分生孢子形态,用子囊壳切片观察子囊和子囊孢子,注意孢子大小、形状、隔膜数等。

（四）稻曲病

1. 症状

该病先从内外颖壳缝隙处露出淡黄绿色孢子座,后包裹整个颖壳,颜色逐渐变为墨绿色,最后孢子座表面龟裂,散出墨绿色粉状物。孢子座表面可产生黑色、扁平、硬质的菌核。注意观察不同时期的病粒和孢子座颜色的关系,解剖病粒,观察孢子座内部颜色层次。

2. 病原

稻绿核菌（*Ustilaginoidea virens*）属半知菌门绿核菌属真菌。厚垣孢子侧生于菌丝上,呈球形或椭圆形,黄褐色,表面有瘤状突起,分生孢子为单胞、椭圆形。子囊壳内生于子座表层,子囊呈圆筒形,子囊孢子为无色、单胞、丝状。挑取孢子座表面粉层制片,观察厚垣孢子大小、形状、颜色、着生特点及表面结构。用有性态切片,观察子囊壳排列特征、子囊孢子形态。

（五）稻粒黑粉病

1. 症状

病菌先在病粒内部生长,破坏籽粒结构,颖壳仅出现颜色变暗。冬孢子成熟后,从内外颖壳缝隙处露出圆锥形黑色角状物,破裂后散出黑色粉末。比较病粒、健粒颖壳颜色、籽粒硬度,剥开病粒,观察内部被害状。

2. 病原

狼尾草腥黑粉菌（*Tilletia barclayana*）属担子菌门腥黑粉菌属真菌。冬孢子近球形,黑褐色,表面密生无色的齿状突起,齿状突起排列整齐,冬孢子表面常可见一无色透明的尾状残余物。冬孢子堆中混有球形、无色的不孕细胞。担孢子为线形、无色、单胞,在担子顶端轮状着生。挑取病粒内黑色粉末制片,注意观察冬孢子表面结构和有无不孕细胞。观察担孢子形态和着生方式。

（六）稻菌核秆腐病

1. 症状

由小球菌核病（*Nakateae sigmoidea*）和小黑菌核病（*Nakateae irregulare*）等引起水稻茎秆腐烂,统称为稻菌核秆腐病。通常近地面稻株内外叶鞘产生黑色斑块,叶片发黄枯死,病斑表面产生浅灰色霉状物。最后病组织变软腐烂,整个植株贴地倒伏。剥开叶鞘观察发现,早期有白色菌丝体,后期茎秆腔壁上产生大量细小的黑色菌核。观察田间稻株被害状,注意与其他因子造成的倒伏相区别。触摸病组织,看有无绵软之感。

2. 病原

小球菌核病（*Nakateae sigmoidea*）和小黑菌核病菌（*Nakateae irregulare*）属半知菌门双曲孢属真菌。分生孢子梗单生或丛生,淡橄榄色。分生孢子为纺锤形或新月形,一般 3 个隔膜,中央两个细胞色深,两端细胞淡色或无色。菌核小,直径 0.2～0.4 mm,呈球形,黑色、有光泽,表面光滑。取病株表面霉层制片观察分生孢子,注意两端细胞与中央细胞的颜色、形状差异。剥开叶鞘观察菌核,注意不同秆腐病菌的菌核大小、数目差异。

(七)稻叶尖枯病

1.症状

一般多从叶片尖端或叶缘开始,病斑呈长条形,黄或枯黄色,病健交界明显,有时有褐色波浪线,病叶尖端易破裂成麻丝状,后期病部埋生褐色小点即分生孢子器。注意观察病叶症状特点,与稻白叶枯病比较症状有何异同。

2.病原

稻生茎点霉(*Phyllosticta oryzicola*)属半知菌门叶点霉属真菌。分生孢子器近球形,埋生,后期子孔口外露。分生孢子为卵圆形或椭圆形,单胞无色,端部有油球1～2个。取后期病叶对光观察是否有褐色小点。徒手切片,观察分生孢子器和分生孢子形态。

(八)稻云形病

1.症状

病斑初为水渍状,后呈灰褐色和暗褐色相交互的波浪云纹。湿度高时叶片呈水渍状腐烂,波浪纹不明显,病斑表面可产生少量不明显的白色粉状物,后期产生褐色小点(子囊壳)。注意观察病斑位置、颜色,波浪纹是否清晰。

2.病原

稻格氏霉(*Gerlachia oryzae*)属半知菌门格氏霉属真菌。分生孢子为短新月形,单胞或双胞,无色。子囊孢子为无色,长椭圆形,两端钝圆,3～5个细胞,隔膜处稍缢缩。着重观察分生孢子的形态特征。

(九)稻叶黑粉病

1.症状

叶片上形成黑色、略隆起、断续的条点状病斑(冬孢子堆),病部表皮不破裂,叶片易枯黄。观察病叶标本,并思考冬孢子堆可否抹去,说明原因。

2.病原

稻叶黑粉菌(*Entyloma oryzae*)属担子菌门叶黑粉菌属真菌。冬孢子聚生,排列紧密,形状为多角圆形或卵圆形,褐色,壁光滑。取病叶徒手切片,观察冬孢子的排列、形态、大小和颜色。

(十)稻叶鞘腐败病

1.症状

病斑产生在剑叶叶鞘上,呈暗褐色虎纹状,叶鞘内幼穗全部或部分腐烂,剥开病叶鞘,有白色菌丝和淡红色霉层。注意症状产生部位,以及对稻穗的影响。

2.病原

稻帚枝霉(*Sarocladium oryzae*)属半知菌门帚枝霉属真菌。分生孢子梗1～2次分枝,分枝处具3～4个轮枝,分生孢子着生于轮枝顶端,无色、单胞、圆柱形。挑取病部霉层制片,观察分生孢子梗分枝特点和分生孢子形态。

(十一)稻苗期病害

1. 症状

因育秧方式不同而病害种类不同。水育秧苗病多为绵腐病,通称"烂秧"。旱育秧、半旱育秧苗病多为黄枯病等。绵腐病症状为种壳破口处或幼芽基部出现少量乳白色胶状物,逐渐向四周长出放射状、白色絮状菌丝,后呈铁锈色或绿褐色,稻种、幼苗易腐烂、死亡。黄枯病有以下几种症状类型:① 芽腐。幼芽变褐、扭曲、腐烂。② 针腐。心叶枯黄,茎部变褐软腐。③ 黄枯。从外部叶片到心叶逐渐变黄、萎蔫,心叶卷曲,残留少许绿色,容易拔断。④ 青枯。心叶纵卷成针状,全株呈污绿色枯死。观察各种苗病症状,注意烂秧和黄枯病的区别。

2. 病原

烂秧主要由稻绵霉(*Achlya oryzae*)引起,病菌为卵菌门绵霉属菌物。游动孢子呈囊管状,游动孢子为肾形,两根鞭毛。雄器细长管状,藏卵器球形,内生多个卵孢子。黄枯病病原菌主要有:腐霉菌(*Pythium* spp.),卵菌门腐霉属菌物;镰刀菌(*Fusarium* spp.),半知菌门镰刀菌属;茄丝核菌(*Rhizoctinia solani*),半知菌门丝核菌属。腐霉菌菌丝发达,无隔膜,呈孢子囊球状或姜瓣状,藏卵器近球形,内生一个卵孢子。镰刀菌大型分生孢子镰刀形,弯曲或稍直,多隔膜无色,小型分生孢子椭圆形或卵圆形,无色透明,单胞。茄丝核菌特征见稻纹枯病。观察各种病原菌形态,注意绵腐、腐霉的菌丝有无隔膜,游动孢子囊呈何种形状,藏卵器中卵孢子数目,镰刀菌大小分生孢子形态、有无厚垣孢子、产生方式。

(十二)稻胡麻斑病

1. 症状

叶片病斑椭圆形,有黄色晕圈,内圈褐色,有时中央呈枯白色坏死状。穗颈、籽粒、枝梗和谷粒病斑均为褐色,表面产生黑色霉层。与稻瘟病比较叶片病斑的大小、形状、颜色和病斑数目,以及霉层颜色深浅。

2. 病原

稻平脐蠕孢菌(*Bipolaris oryzae*)属半知菌门双极蠕孢属真菌。分生孢子褐色,倒棍棒形,多数弯曲,脐点基部平截。重点观察分生孢子形状、颜色和脐点特征。

(十三)稻窄条斑病

1. 症状

可侵害叶片、叶鞘和穗等。在叶片上,病斑初为褐色小点,后沿叶脉扩展,形成(0.5~1)mm×(1~5)mm 短线状条斑。病斑的周围紫褐至褐色,中央灰褐色。严重时多个病斑连接成长条斑,引起叶片早枯。

2. 病原

稻尾孢(*Cercospora janseana*)属半知菌门尾孢属真菌。分生孢子梗褐色,顶生分生孢子。分生孢子多为短鞭状,淡橄榄色或无色,3~4 个隔膜。

(十四)稻白叶枯病

1. 症状

症状有以下几种类型:① 叶枯型。病斑长条形,颜色黄白色或枯白色,病健交界清晰,病部易见蜜黄色珠状菌脓。② 急性型。病斑暗绿色,似开水烫伤状,有菌脓产生。③ 凋萎型。病株叶片失水、青卷,最终枯死,卷曲青枯的叶片内可见菌脓。④ 黄叶型。幼叶均匀褪绿,或产生黄绿相间宽条斑。重点观察叶枯型症状特点,并思考如何与生理性枯黄区别,如何观察菌脓。

2. 病原

稻黄单胞菌(*Xanthomonas oryzae* pv. *oryzae*)属薄壁菌门黄单胞杆菌属细菌。菌体短杆状,鞭毛单根极生,革兰氏染色反应呈阴性。菌落蜜黄色,黏性。切取病健交界叶片组织 3 mm×3 mm,置于显微镜下观察喷菌现象。通过试验,学会用哪些方法诊断植物细菌病害。

(十五)稻细菌性条斑病

1. 症状

病斑初为沿叶脉扩展的暗绿色或黄褐色纤细条纹,后病斑增多并愈合成不规则形或长条状枯白色条斑,对光观察,病斑由许多半透明的小条斑愈合而成。病部产生较多细小的深蜜黄色菌脓。注意病斑分布、形状、数目、是否透明,以及菌脓大小和数量。

2. 病原

黄单胞菌稻生致病变种(*Xanthomonas oryzae* pv. *oryzicola*)属薄壁菌门黄单胞菌属细菌,它与稻白叶枯病菌为水稻黄单胞菌的两个致病变种。

(十六)稻细菌性基腐病

1. 症状

近土面叶鞘产生不规则,边缘深褐色、中央枯白色病斑,剥开叶鞘,茎秆也有黑褐色纵条斑。叶片青卷,之后枯黄。有的病株心叶枯死,似螟害造成的枯心,有的叶片由下而上枯死,表现为"剥皮死"。病株易齐根拔断,有恶臭。病茎洗净后挤压,可见乳白色浑浊细菌液溢出。观察各种症状类型,思考该病的症状特点主要是什么,如何区别于螟虫造成的枯心。

2. 病原

菊欧文氏菌玉米致病变种(*Erwinia chrysanthemi* pv. *zeae*)属薄壁菌门欧文氏菌属细菌。菌体短杆状,单生,周生鞭毛 4~8 根,革兰氏染色反应呈阴性。菌落乳白色,后中心变褐色,圆形,边缘不整齐呈假根状。观察细菌形态和菌落特征,取病株观察细菌液的溢出现象。

(十七)稻黄萎病

1.症状

病株矮化,<u>丛生</u>,全株发黄,叶片狭而短小,薄而柔软,有的小分蘖叶片呈竹叶状。多数病株不能抽穗,少数抽穗后病穗黄化,不能结实。观察病株生长矮小的特点,触摸病叶,判断是否变柔软。

2.病原

类菌原体(*Phytoplasma*)属软壁菌门植原体属细菌。菌体椭圆形或卵圆形,无细胞壁,有膜,大小 80～800 nm。比较植原体与原核生物中细菌有何不同,症状又有何差异。

(十八)稻干尖线虫病

1.症状

剑叶或上部叶片尖端 1～8 cm 处部分细胞枯死,变黄褐色,略透明,捻转或扭曲,渐成灰白色,病健交界处有一褐色线纹。重点观察病叶尖端是否扭曲,呈何颜色,有无褐色线纹。

2.病原

贝西滑刃线虫(*Aphelenchoides besseyi*)属垫刃目垫刃线虫属线虫。雌雄虫均为细长的蠕虫形,两端钝细,无色,半透明,雌成虫尾部有 4 个乳头状突起,静止时常扭曲或卷曲成盘状。雄成虫上、中部呈直线,尾部弯曲近 90°,交合刺新月形,刺状,无交合伞。从水稻种壳分离线虫,制片观察雌雄线虫形态特征,重点观察大小、形状、尾部特征。

(十九)稻赤枯病(生理性病害)

1.症状

一般于秧苗移栽后至分蘖期发生。初始叶片呈暗绿色,后形成不规则铁锈状斑点,由叶尖向基部扩展,最后呈赤褐色、枯死。受害植株矮小,分蘖少,老叶黄化,心叶窄挺。

2.病原

属非侵染性病害,一般是由缺钾、缺磷、缺锌,或土壤环境不良(中毒)所致。

五、思考题

(1)绘制稻瘟病菌、稻胡麻斑病菌、稻纹枯病菌、稻恶苗病菌、稻曲病菌的病原图(选 2～3 种)。

(2)列表比较稻白叶枯病、稻细菌性条斑病、稻叶尖枯病、稻赤枯病、生理性叶片枯黄症状区别。

实训二　小麦主要病害的识别

一、实训目的

(1)掌握小麦主要病害的症状特点。

(2)掌握小麦主要病害病原物的形态特征。

二、内容说明

小麦上病害种类有 100 多种,为害较大的有 20 余种,其中为害叶片的主要有小麦条锈病、小麦叶锈病、小麦白粉病及各种小麦叶枯病等,为害穗部的主要有小麦赤霉病、小麦散黑穗病、小麦腥黑穗病、小麦粒线虫病、小麦籽粒黑胚病等,为害根部和茎秆的主要有小麦纹枯病、小麦全蚀病、小麦根腐病、小麦秆锈病、小麦秆黑粉病、小麦胞囊线虫病等,全株性的病害主要有小麦黄矮病、小麦丛矮病、小麦梭条花叶病等,每年在各地都造成不同程度的损失。

三、主要仪器设备及用具

(1)实训材料:小麦主要病害的新鲜标本、浸制标本、挂图、病原菌玻片、多媒体教学课件(包括幻灯片、录像带、光盘等影像资料)。

(2)主要仪器及用具:幻灯机、投影仪、计算机及多媒体教学设备,显微镜、载玻片、盖玻片、解剖刀、刀片、挑针、纱布、徒手切片工具、擦镜纸等。

(3)药品试剂:蒸馏水滴瓶、无菌水等。

四、操作步骤与方法

(一)小麦条锈病

1. 症状

主要为害叶片,也可为害叶鞘、茎秆及穗部。小麦受害后,叶片表面出现褪绿斑,以后产生黄色疱状夏孢子堆,夏孢子堆小,长椭圆形,在成株上沿叶脉排列成行,呈虚线状。后期在发病部位产生黑色的条状冬孢子堆。

2. 病原

条形柄锈菌(小麦专化型)(*Puccinia striiformis* f. sp. *tritici*)属担子菌门柄锈菌属。病菌夏孢子堆呈长椭圆形,橙黄色。夏孢子为单胞、球形,表面有细刺,鲜黄色。冬孢子为双胞,棍棒形,顶部扁平或斜切,隔膜处稍缢缩,褐色,有短柄。

(二)小麦叶锈病

1. 症状

主要为害小麦叶片,有时也为害叶鞘和茎。叶片受害后,产生多散乱的、不规则排列的圆形至长椭圆形橘红色夏孢子堆,表皮破裂后,散出黄褐色夏孢子粉。夏孢子堆较秆锈菌小而比条锈病菌大,多发生在叶片正面。后期在叶背面散生椭圆形黑色冬孢子堆。

2. 病原

小麦隐匿柄锈菌(*Puccinia recondite* f. sp. *tritici*)属担子菌门柄锈菌属。叶锈菌在小麦上形成夏孢子和冬孢子,冬孢子萌发后产生担孢子。夏孢子为单胞,球形或近球形,黄褐色,表面有微刺。冬孢子为双胞,棍棒形,上宽下窄,顶部平截或稍倾斜,暗褐色。

(三)小麦秆锈病

1. 症状

主要为害茎秆和叶鞘,也可为害叶片和穗部。夏孢子堆长椭圆形,在三种锈病中最大,隆起高,褐黄色,不规则散生。秆锈菌孢子堆穿透叶片的能力较强,导致同一侵染点叶正反面均出现孢子堆,且背面孢子堆比正面大。成熟后表皮大片开裂并向外翻起如唇状,散出锈褐色夏孢子粉。后期产生黑色冬孢子堆,破裂散出黑色冬孢子粉。

2. 病原

禾柄锈菌(*Puccinia graminis* f. sp. *tritici*)属担子菌门柄锈菌属。夏孢子为单胞,暗黄色,长圆形,表面有细刺。冬孢子为双胞,有柄,椭圆形或长棒形,浓褐色,表面光滑,横隔膜处稍缢缩,顶端壁厚,圆形或略尖。

注意观察、比较三种锈病夏孢子堆的发生部位、排列、色泽、破裂情况和冬孢子堆的特点及它们之间的区别。观察三种锈病病菌的切片,比较夏孢子和冬孢子的形状、颜色和大小等方面的区别。对于较难区别的小麦条锈病菌和小麦叶锈病菌的夏孢子,可用浓盐酸或浓磷酸处理后观察原生质浓缩情况,小麦叶锈病菌夏孢子原生质浓缩成 1 个圆球,而小麦条锈病菌夏孢子的原生质则浓缩成多个圆球。

(四)小麦赤霉病

1. 症状

赤霉病以穗腐症状最为常见,被害小穗最初在基部变水渍状,后渐失绿褐色而呈褐色病斑,然后颖壳的合缝处生出一层明显的粉红色霉层。后期病部出现黑色颗粒状物。籽粒发病后皱缩干瘪,变为苍白色或紫红色,有时籽粒表面有粉红色霉层。观察病穗,注意病穗颜色变化,病部有无粉红色霉层和黑色颗粒状物的产生,籽粒与健粒有何区别。

2. 病原

玉蜀黍赤霉(*Gibberella zeae*)有性态属于子囊菌门赤霉属真菌。子囊壳呈梨形,深蓝至紫黑色,表面光滑,顶端有瘤状突起为孔口。子囊棍棒状,无色,内生 8 个子囊孢子,呈单行或双行排列。子囊孢子无色,弯纺锤形,多有 3 个隔膜。无性态为禾谷镰刀菌(*Fsarium graminearum*)。大型分生孢子多为镰刀形,稍弯曲,顶端钝,基部有明显足胞。一般有 3～5 个隔膜,单个孢子无色,聚集成堆时呈粉红色;一般不产生小型分生孢子和厚垣孢子。挑取病部霉层,制成临时玻片观察,注意病菌分生孢子形状,有无小型分生孢子和厚垣孢子。观察子囊壳切片,注意子囊壳形状、颜色以及子囊和子囊孢子的特征。

(五)小麦白粉病

1. 症状

在苗期至成株期均可为害,主要为害叶片,严重时也可为害叶鞘、茎秆和穗部。病部初产生黄色小点,而后逐渐扩大为圆形或椭圆形的病斑,表面生有一层白粉状霉层,以后逐渐变为灰白色,最后变为浅褐色,其上生有许多黑色小点。病斑多时可愈合成片,并导致叶片发黄枯死。病株穗小粒少,千粒重明显下降。观察病株,注意为害部位、病部霉层特点及有无黑色颗粒状物产生。

2. 病原

禾本科布氏白粉菌小麦专化型(*Blumeria graminis* f. sp. *tritici*)属子囊菌门布氏白粉菌属真菌。菌丝上垂直生成分生孢子梗,基部膨大成球形,梗上生有成串的分生孢子。分生孢子为卵圆形,单胞,无色。闭囊壳为球形,黑色,外有发育不全的短丝状附属丝。闭囊壳内含有子囊9~30个。子囊为长椭圆形,内含子囊孢子4个或8个。子囊孢子为椭圆形,单胞,无色。用镊子撕取病叶表皮,观察病菌分生孢子梗特点、分生孢子着生方式及其特征。挑取病部小黑点制片镜检,注意闭囊壳形状、颜色、附属丝特征。用挑针轻压盖片,观察闭囊壳破裂后有几个子囊散出,子囊和子囊孢子特点如何。

(六)小麦雪霉叶枯病

1. 症状

自幼苗到灌浆期均可为害,造成芽腐、叶枯、鞘腐和穗腐等症状,以叶枯为主。病斑初为水浸状,后扩大为近圆形或椭圆形大斑,边缘灰绿色,中央污褐色。叶片上病斑较大或较多时即可造成叶枯,潮湿时病斑表面常形成砖红色霉层,有时产生黑色小粒点。观察病叶,注意病斑特点、有无霉层产生及其特征。

2. 病原

无性态为雪腐格氏霉(*Gerlachia nivalis*)。病菌分生孢子无色,镰刀形,两端尖细,无脚胞。分生孢子梗短而直,棍棒状,无隔膜,产孢细胞呈瓶状或倒梨形,有环痕。有性态雪腐明梭孢(*Monographella nivalis*)属子囊菌门真菌。子囊壳埋生,球形或卵形,顶端乳头状,有孔口,内有侧丝。子囊棍棒状或圆柱状,内有6~8个子囊孢子。子囊孢子纺锤形至椭圆形,无色,有1~3个隔膜。挑取病部霉层制片观察,注意病菌分生孢子形状、颜色等特征。观察病菌子囊壳切片,注意子囊壳、子囊和子囊孢子特点。

(七)小麦链格孢叶枯病

1. 症状

小麦生长中后期发生,主要为害叶片和穗部,造成叶枯和黑胚症状。初期在叶片上形成较小的黄色褪绿斑,后扩展为中央呈灰褐色、边缘黄褐色长圆形病斑。病斑在适宜条件下可愈合形成不规则大斑,造成叶枯,潮湿时病斑上可产生灰黑色霉层。籽粒受害后,胚部变为黑褐色。观察病叶,注意病斑大小、形状、颜色、病部霉层等方面与小麦雪腐叶枯病的区别。观察受害籽粒,注意其与健康籽粒的区别。

2. 病原

小麦链格孢(*Alternaria triticina*)属半知菌门链格孢属真菌。病部霉层为病原菌的分生孢子梗和分生孢子。分生孢子梗单生或丛生,直立,黄褐色,从气孔伸出。分生孢子为单生或2~4个串生,褐色,卵圆形或椭圆形,喙较短,有1~10个横隔膜,0~5个纵隔膜。挑取病部霉层制片观察,注意病菌分生孢子形状、颜色、隔膜情况等特征。

(八)小麦纹枯病

1.症状

小麦各生育期均可受害,造成烂芽、死苗、花秆烂茎、枯白穗等多种症状。返青拔节后形成发病高峰,起初在下部叶鞘上产生中部灰白色、边缘浅褐色的云纹状病斑,多个病斑相连接,形成云纹状的花秆,茎秆上出现近椭圆形的"眼斑"。发病严重的主茎和大分蘖常抽不出穗,有的虽能够抽穗,但结实减少,籽粒秕瘦,形成"枯白穗"。田间湿度较大时,病株基部可见白色菌丝团,后期可见褐色扁平状的菌核。观察病株基部,注意叶鞘及茎秆上病斑形状和颜色,有无菌丝团和菌核。

2.病原

禾谷丝核菌(*Rhizoctonia cerealis*)属半知菌门丝核菌属真菌。病菌不产生任何类型的分生孢子,初生菌丝无色、较细,分枝处多缢缩变细。菌丝老熟后变褐、变粗,分枝和隔膜增多。菌丝分枝与母枝之间几乎呈直角。菌核初为白色,后变成不同程度的褐色,表面粗糙,不规则。观察初生菌丝和老熟菌丝玻片,注意其粗细、隔膜、颜色等方面的差异。观察病部菌核,注意其形状、颜色等特征。

(九)小麦全蚀病

1.症状

小麦苗期至成株期均可发病,以近成熟时症状最为明显。苗期受害,根部变黑、腐烂,病菌叶片黄化,生长衰弱。拔节后茎基部1~2节叶鞘内侧和茎秆表面在潮湿条件下形成肉眼可见的黑褐色菌丝层(黑脚)。灌浆期病株常提早枯死,形成"枯白穗"。如土壤潮湿,在病株基部叶鞘上生有黑色颗粒状物,为病原菌的子囊壳。观察病株基部和根部,注意根部是否变黑,叶鞘内侧和茎秆上有无黑色菌丝层,叶鞘上有无黑色颗粒状物。

2.病原

禾顶囊壳(*Gaeumannomyces graminis*)属子囊菌门顶囊壳属真菌。病菌的匍匐菌丝粗壮,褐色,有隔膜。老化菌丝多呈锐角分枝,分枝处主枝与侧枝各形成一隔膜。子囊壳为黑色,球形或梨形,顶部有一稍弯的颈。子囊为无色,棍棒状,子囊内有8个平行排列的子囊孢子。子囊孢子为无色,线状稍弯曲,有3~8个隔膜。取病根或叶鞘内侧组织小块放于乳酚油中加热至透明,制成临时玻片观察,注意组织表面有无黑褐色的匍匐菌丝,菌丝分枝是否呈锐角。挑取病部小黑点制片观察,注意子囊壳的形状、子囊和子囊孢子特征。

(十)小麦散黑穗病

1.症状

系统性侵染病害,病株在抽穗前症状不明显,一般病株抽穗稍早。病穗外面起初包被一层灰色薄膜,里面充满黑粉。抽穗后不久,薄膜破裂,黑粉飞散,仅剩下穗轴。

2.病原

散黑粉菌(*Ustilago nuda*)属担子菌门黑粉菌属真菌。麦穗上黑粉为冬孢子,冬孢子略呈球形或近球形,浅黄色至茶褐色,半边颜色较淡,表面生有微细突起。冬孢子萌发后产生先菌丝,先菌丝的 4 个细胞可分别长出单核分枝菌丝,但不产生担孢子。

(十一)小麦腥黑穗病

1. 症状

主要在穗部表现症状。病株一般较健株稍矮,分蘖增多,矮化程度及分蘖情况依品种而异。病穗短直,颜色较健穗深,初为灰绿色,后变灰黄色,病粒较健粒短而胖,因而颖片略开裂,露出部分病粒(称为菌瘿),初为暗绿色,后变灰黑色,如用手指微压,则易破裂,内有黑色粉末(病菌的冬孢子)。菌瘿因含有挥发性三甲胺,有鱼腥气味,所以称为"腥黑穗病"。

2. 病原

我国引起腥黑穗病的主要是网腥黑粉菌(*Tilletia caries*)和光腥黑粉菌(*Tilletia foetida*)。网腥黑粉菌的冬孢子多为球形或近球形,褐色至深褐色,孢子表面有网纹。光腥黑粉菌的冬孢子为圆形、卵圆形和椭圆形,淡褐色至青褐色,孢子表面光滑,无网纹。腥黑穗病菌冬孢子萌发时,先产生不分隔的管状担子,其顶端产生成束的长柱形担孢子,通常为 4～12 个,单核。不同性别的担孢子在担子上常结合成 H 形。

(十二)小麦秆黑粉病

1. 症状

主要为害麦秆、叶和叶鞘,拔节期以后症状最明显。病部初生淡灰色条纹,逐渐隆起,转深灰色,最后寄主表皮破裂,露出黑粉(冬孢子)。病株矮小,分蘖增多,病叶卷曲,很难抽穗,严重时全株枯死。

2. 病原

小麦条黑粉菌(*Urocystis tritici*)属担子菌门秆黑粉菌属真菌。病菌以 1～4 个冬孢子为核心,外围以若干不孕细胞组成冬孢子团。孢子团呈圆形或长椭圆形。冬孢子为单胞,球形,深褐色。冬孢子萌发产生圆柱状先菌丝,经由不孕细胞伸出孢子团外,顶端轮生出 3～4 个担孢子。担孢子为长棒状,无色,顶端尖,稍弯。比较几种黑穗(粉)病的为害部位、株形变化、穗部破坏程度、黑粉性状等。挑取病菌冬孢子制片观察,比较各种病菌冬孢子形态、大小、颜色、微刺等特征,观察不同病菌产生担子和担孢子的情况。

(十三)小麦根腐病

1. 症状

小麦各生育期均能发生。苗期形成苗枯,成株期形成茎基枯死、叶枯和穗枯。由于小麦受害时期、部位和症状的不同,有根腐病、叶枯病、黑胚病、青死病等名称。观察病株标本,注意为害部位、各部位症状特点。比较根腐病与纹枯病和全蚀病在根部和茎基部的症状区别。

2.病原

有性态禾旋孢腔菌(*Cochliobolus sativus*)属子囊菌门旋孢腔菌属真菌。子囊壳生于病残体上,凸出,球形,有喙和孔口;子囊无色,内有 4～8 个子囊孢子,呈螺旋状排列。子囊孢子为线形,淡褐色,有 6～13 个隔膜。无性态为根腐平脐蠕孢(*Bipolaris sorokiniana*),属半知菌门双极蠕孢属真菌。病菌的分生孢子梗呈黑褐色,上部呈曲膝状弯曲。分生孢子为纺锤形或圆筒形,向一侧弯曲,暗褐色,两端钝圆,有 2～11 个隔膜。观察病菌玻片,注意分生孢子和分生孢子梗的形状、颜色、分隔情况等特点。

(十四)小麦黄矮病

1.症状

秋苗期和春季返青后均可发病。早期病株明显矮化,病叶从叶尖开始发黄,呈金黄色到鲜黄色,黄化部分占全叶的 1/3～1/2。重病株不能抽穗,或穗小、粒少,千粒重降低。观察病苗,注意植株高度和叶色变化,与健株有何区别。

2.病原

由黄症病毒属大麦黄矮病毒(Barley Yellow Dwarf Virus,BYDV)引起。病毒粒体为等轴对称的正二十面体。观察病毒电镜照片,注意病毒粒体形状。

(十五)小麦丛矮病

1.症状

典型症状是上部叶片有黄绿相间的条纹,分蘖显著增多,植株极度矮化,形成明显的丛矮状。病株一般不能拔节抽穗或早期枯死,轻病株虽能抽穗,但穗小、籽秕。观察病株,注意植株分蘖是否增多,是否显著矮化,叶上有无条纹症状。

2.病原

由细胞质弹状病毒属北方禾谷花叶病毒(Northern Cereal Mosaic Virus,NCMV)引起。病毒粒体为子弹状。观察病毒电镜照片,注意病毒粒体形状。

(十六)小麦梭条花叶病

1.症状

一般在春季植株返青后逐渐显症。受害植株心叶上产生褪绿斑块或不规则的黄色短条斑或梭条斑,后叶片由下向上黄化,老叶渐变黄枯死。病田植株发黄,似缺肥状。常矮化,分蘖枯死,成穗少,穗小粒秕,千粒重明显下降。观察病株与健株有何区别,叶上有无黄色条斑。

2.病原

由大麦黄花叶病毒属小麦梭条花叶病毒(Wheat Spindle Streak Mosaic Virus,WSSMV)引起。病毒粒体为线状。有学者认为我国本病病原是小麦黄花叶病毒(Wheat Yellow Mosaic Virus,WYMV),病名为小麦黄花叶病。观察病毒电镜照片,注意病毒粒体形状。

(十七)小麦粒线虫病

1.症状

主要为害籽粒。病穗颖壳外张,子房变为虫瘿。虫瘿黑褐色,短而圆,较坚硬。观察病穗,注意颖壳是否外张,籽粒形状和颜色有何变化。

2.病原

小麦粒线虫(*Anguina tritici*)属垫刃目粒线虫属线虫。雌雄同形,均为线状,无色。雌虫肥大,虫体常弯曲呈环状。切取虫瘿,放入清水中,可见许多白色丝状物。挑取少许丝状物制片观察,注意虫体形状及结构。

五、思考题

(1)绘制3种小麦锈病病菌、小麦白粉病菌、小麦赤霉病菌、小麦全蚀病菌、几种小麦黑穗病菌形态图(任选两个)。

(2)列表比较几种小麦锈病、小麦黑穗(粉)病、小麦叶枯(斑)病的症状区别。

实训三 玉米主要病害的识别

一、实训目的

(1)掌握玉米主要病害的症状特点。
(2)掌握玉米主要病害病原物的形态特征。

二、内容说明

玉米病害有80多种,我国发现的有30多种,其中发生普遍而严重的玉米病害主要有玉米小斑病、玉米大斑病、玉米弯孢霉叶斑病、玉米灰斑病、玉米丝黑穗病、玉米瘤黑粉病、玉米茎基腐病、玉米纹枯病、玉米穗粒腐病、玉米病毒病等。攀西地区玉米病害有20多种,其中主要有玉米纹枯病、玉米丝黑穗病、玉米散黑穗病、玉米大斑病、玉米小斑病、玉米灰斑病及玉米锈病等。

三、主要仪器设备及用具

(1)实训材料:玉米主要病害的新鲜材料、浸制标本、挂图、病原菌玻片、多媒体教学课件(包括幻灯片、录像带、光盘等影像资料)。

(2)主要仪器及用具:幻灯机、投影仪、计算机及多媒体教学设备,显微镜、载玻片、盖玻片、解剖刀、刀片、挑针、纱布、徒手切片工具、擦镜纸等。

(3)药品试剂:蒸馏水滴瓶、革兰氏染色液一套、香柏油、二甲苯等。

四、操作步骤与方法

(一)玉米大斑病

1. 症状

在整个生育期都可以发生,抽雄后发生严重。主要为害叶片,严重时苞叶和叶鞘也可受害。叶片上的病斑沿着叶脉扩展,呈黄褐色或灰褐色、大小不等的长梭状,病斑中间颜色较浅,边缘较深。一般长 5～10 cm,宽 1～2 cm,潮湿时病斑上密生灰黑色的霉状物。注意观察:① 病斑的形状、色泽及大小;② 病部是否出现灰色的霉状物;③ 不同抗病性品种的症状表现有何不同。

2. 病原

大斑凸脐蠕孢(*Exserohilum turcicum*)属半知菌门突脐蠕孢属真菌。分生孢子梗从气孔伸出,橄榄色,不分枝,圆筒形,直立或上部屈膝状,有 2～8 个隔膜,基细胞膨大,顶端色较淡。孢痕明显。分生孢子为梭形或长梭形,深褐色,直或略向一侧弯曲,有 2～8 个隔膜,顶端细胞钝圆或呈长椭圆形,基部细胞尖锥形,孢子的脐点突出。从病斑处刮取少量霉层制片镜检。注意观察:① 分生孢子梗的形态、色泽、长短及隔膜等特点;② 分生孢子的形状、大小、隔膜等形态特征;③ 分生孢子的脐点是否突出于基细胞之外。

(二)玉米小斑病

1. 症状

从苗期到成株期都可发病,抽穗灌浆期发生严重。主要为害叶片,严重时也可侵染叶鞘、苞叶、果穗及籽粒。叶部发病初为水渍状小点,后变为黄褐色或红褐色,边缘颜色较深。叶部病斑因品种不同表现为以下三种类型:

(1)椭圆形或长椭圆形,扩展受叶脉限制,黄褐色,有明显的紫褐色或深褐色边缘。

(2)椭圆形或纺锤形,扩展不受叶脉限制,灰色或黄色,一般无明显的边缘,有时病斑上出现轮纹。

(3)病斑为黄褐色坏死小点,一般不扩展,周围明显有黄褐色晕圈。

前两种病斑在潮湿的情况下产生灰黑色的霉层。注意观察:① 叶片上是否有黄色的小斑点;② 病部是否有灰褐色的霉层;③ 病斑的形状及大小,与大斑病的病斑有何区别;④ 不同抗病性品种的症状表现有何不同。

2. 病原

玉蜀黍平脐蠕孢(*Bipolaris maydis*)属半知菌门双极蠕孢属真菌。分生孢子梗 2～3 根束生,深褐色至褐色,直或屈膝状,不分枝,孢痕显著,具有 3～15 个隔膜。分生孢子为长椭圆形,褐色,两端钝圆,多向一侧弯曲,中间粗、两端细,多为 6～7 个隔膜,脐点凹陷。从材料的病斑处刮取少量霉层制片镜检。注意观察:① 分生孢子的大小、形状、色泽、隔膜有何特点;② 分生孢子梗的形状、色泽、分枝等形态特征;③ 分生孢子的脐点是否突出于基细胞之外,其和大斑病菌分生孢子的主要区别是什么。

(三)玉米丝黑穗病

1. 症状

属苗期侵入的系统性病害,在穗期表现典型症状,主要为害雌雄穗。病穗上的症状主要表现为两种类型:① 黑穗型。除苞叶外,整个果穗变成黑粉包,内夹杂有丝状寄主维管束组织,外面包被白膜,白膜破裂后散出黑粉。② 变态畸形穗。雄穗花器变形,颖片呈多叶状,雌穗的颖片过度生长而呈管状长刺,雌穗呈刺猬头状,没有明显的黑粉和丝状物。注意观察病穗的症状,黑粉内是否夹杂丝状物。

2. 病原

丝黑穗病菌(*Sporisorium reilianum*)属担子菌门团散黑粉菌属真菌。黑穗里的黑粉是病菌冬孢子。冬孢子黄褐色、暗紫色或赤褐色,球形或近球形,表面有细刺,冬孢子萌发产生具 4 个细胞的担子(先菌丝),上侧生担孢子;担孢子为无色,单胞,椭圆形。用挑针从病穗上挑取少量黑粉状物,制片镜检。注意观察:① 冬孢子的形状和颜色,表面是否有微刺;② 冬孢子在加有糖的蒸馏水中萌发的情况。

(四)玉米瘤黑粉病

1. 症状

玉米瘤黑粉病属局部侵染性病害。玉米在整个生长、发育过程中植株的幼嫩组织都可发病,发病部位细胞强烈增生,体积膨大,形成肿瘤,肿瘤外面包有一层白色薄膜,后期薄膜破裂,散出大量黑色粉末状的冬孢子。注意观察:① 发病的部位和病瘤的色泽、形状、质地等;② 其和丝黑穗症状有何区别。

2. 病原

玉蜀黍黑粉菌(*Ustilago maydis*)属担子菌门黑粉菌属真菌。病瘤里的黑粉是病菌的冬孢子。冬孢子为暗褐色或浅橄榄色,球形或椭圆形,表面有细刺状突起,冬孢子萌发产生具 4 个细胞的担子(先菌丝),顶端或分隔处产生 4 个担孢子。担孢子无色,呈梭形或者略弯曲。用挑针从病瘤上挑取少量黑色粉末物,制片镜检。注意观察:① 冬孢子的形状、颜色,表面是否有微刺。② 孢子在清水中或其他营养液中萌发的情况。

(五)玉米茎基腐病

1. 症状

该病是多种病原菌复合侵染造成茎基腐烂的一类病害的统称。根据发生时期、发病部位和症状特点,玉米茎基腐病又称为青枯病、枯萎病、萎蔫病、晚枯病、茎基腐等。主要引起茎基部腐烂和青枯等症状。茎部症状为茎基节间产生纵向扩展的不规则状褐斑,变软下陷,内部空松,手指发软。剖茎检查,组织腐烂,维管束呈丝状游离态,可见白色或玫红色菌丝,之后产生蓝黑色的子囊壳。后期茎秆腐烂。叶部症状可分为青枯型和黄枯型两种。青枯型也称急性型,发病后,叶片迅速枯死,呈灰绿色,水烫状或霜打状。黄枯型也称慢性型,发病后叶片逐渐变黄枯死。病株果穗多下垂。注意观察病斑发生的部位,是否造成茎基腐烂,果穗是否下垂,植株是否表现青枯症状,病株维管束呈何状态。

2. 病原

我国玉米茎腐病病原菌主要有以下几种。

(1)禾谷镰刀菌(*Fusarium graminearum*):属半知菌门镰刀菌属真菌。病菌形态特征见小麦赤霉病菌。注意观察分生孢子的形状、大小、色泽,子实体的形状特征,子囊壳、子囊及子囊孢子的形状和色泽。

(2)串珠镰刀菌(*Fusarium moniliforme*):属半知菌门镰刀菌属真菌。病菌产生大型、小型两种分生孢子,大型分生孢子多为3~5个隔膜,呈镰刀形;小型分生孢子串生,无色,卵圆形或纺锤形,单胞,少数双胞。观察菌丝、分生孢子的形态、色泽等特征,注意与禾谷镰刀菌的区别。

(3)瓜果腐霉菌(*Pythium aphanidermatum*):属卵菌门腐霉属菌物。病菌菌丝发达,呈白色棉絮状,游动孢子囊裂瓣状,分枝简单或复杂。游动孢子产生在孢囊内。注意观察:① 游动孢子囊的形态特征及孢囊的产生部位;② 藏卵器和雄器结合方式及卵孢子形态。

(4)禾生腐霉菌(*Pythium graminicola*):属卵菌门腐霉属菌物。菌丝不规则分枝。游动孢子囊由菌丝状膨大产生,形状不规则,顶生或间生。卵孢子呈球形,光滑。观察病菌玻片,注意病菌形态与瓜果腐霉菌的区别。

把病组织材料用无菌水冲洗干净后,保湿培养,待长出菌丝后,制片镜检,观察菌丝的形态、色泽、隔膜及分生孢子的形状、大小、色泽,确定为哪一种病原菌所引起的。

(六)玉米弯孢霉叶斑病

1. 症状

主要为害叶片,也可为害叶鞘和苞叶。病斑初为水渍状或淡黄色半透明小点,后扩大成圆形、椭圆形、梭形或长条状或不规则形,中央苍白色或黄褐色有较宽的褐色环带,最外围具有较宽的半透明黄色晕圈。严重感病的植株叶片密布病斑,病斑偶有联合,引起全叶枯死。潮湿情况下,病斑正反面均可产生灰黑色的霉状物。注意观察:病斑发生的部位、形状、色泽及其与小斑病的区别。

2. 病原

弯孢霉(*Curvularia lunata*)属半知菌门弯孢霉属真菌。分生孢子梗暗褐色,较直或弯曲,单生或数根丛生,不分枝,有隔膜,顶部多呈屈膝状,顶端和侧面着生分生孢子;分生孢子为淡褐色、灰褐色,棍棒形或椭圆形,向一端弯曲,多数为4个细胞,中间两个细胞膨大,呈暗褐色,两端细胞较小,呈淡褐色。把采集的病叶保湿培养后,制片镜检。注意观察:① 分生孢子梗的形状、色泽及分枝状况;② 分生孢子的形状、大小、色泽及分隔情况。

(七)玉米纹枯病

1. 症状

从苗期到成株期均可发病。主要为害叶鞘、叶片、果穗和茎秆。叶鞘上病斑近圆形或不规则形,边缘浅褐色,中部灰白色,有时病斑相连,形成较大的云纹形病斑,致使叶鞘腐败,叶片干枯。茎秆上病斑褐色,不规则,后期茎秆质地松软组织解体,露出纤维束,病株极易倒伏。严重时果穗干缩、霉变、穗轴腐败。病部产生大量褐色扁平状菌核。注意观察病斑发生的部位、形状、色泽,病斑表面,尤其病叶鞘内侧是否产生菌丝和菌核。

2.病原

立枯丝核菌($Rhizoctonia\ solani$)无性态为半知菌门丝核菌属真菌。菌丝初无色,较细,后期渐变粗短,颜色变为棕紫色或褐色。菌丝呈直角、近直角或锐角分枝,分枝处缢缩且有一横隔膜。培养 2～3d 后,在培养皿的周围可产生菌核,菌核初为白色,后变为黑褐色,不规则形。在 PDA 培养基上培养,注意观察菌丝的色泽变化及菌核的形成过程有何特点;镜检菌丝,观察该菌菌丝的典型特征是什么。

(八)玉米灰斑病

1.症状

主要为害叶片。在感病品种上病斑呈矩形,初期呈褐色,后期变为灰色长条病斑,与叶脉平行。该病典型的特征是病斑具有明显的平行边缘,不透明,严重时病斑汇合连片,叶片枯死,叶片两面产生灰色霉层。注意观察病斑发生的部位、色泽和形状,病斑特点。

2.病原

玉米尾孢菌($Cercospora\ zgaemaydis$)属半知菌门尾孢属真菌。分生孢子梗 3～10 根丛生,暗褐色,有 1～4 个隔膜,直或稍弯,孢痕明显。分生孢子倒棍棒形,细长,直或稍弯,无色,具有 1～8 个隔膜,基部倒圆锥形,脐点明显,顶端渐细,稍钝。注意观察分生孢子的形状、色泽及隔膜。

(九)玉米锈病

1.症状

主要为害叶片,受害部位初形成乳白色至淡黄色的夏孢子堆,后变褐色乃至红褐色,散生。夏孢子堆表面破裂后,散出锈粉状的夏孢子,后期在夏孢子堆附近形成黑色冬孢子堆。观察病斑的形状和色泽,以及表皮开裂情况下夏孢子堆的排列方式。

2.病原

玉米柄锈菌($Puccinia\ sorghi$)属担子菌门柄锈菌属真菌。夏孢子近球形或椭圆形,淡黄褐色,表面有细刺。冬孢子椭圆形或棍棒形,黑褐色,分隔处有缢缩,深褐色,顶细胞钝圆。从病斑上刮取少量锈状物,制片镜检,观察夏孢子、冬孢子的形状、大小、色泽。

(十)玉米矮花叶病

1.症状

在玉米整个生长期都可发生,以苗期发病最重,抽穗后发病受害较轻。典型症状是在发病初期,心叶基部叶脉间出现许多椭圆形褪绿小点,以后叶片粗脉之间形成长短不一、颜色深浅不同的褪绿条纹,脉间叶肉失绿变黄,叶脉仍保持绿色,形成明显黄绿相间的条纹症状。病株严重矮化,生长缓慢,不能抽穗而提早枯死。注意观察叶片的症状特点,田间叶部症状是病害诊断的主要鉴别特征。

2.病原

玉米矮花叶病毒(Maize Dwarf Mosaic Virus,MDMV),属马铃薯 Y 病毒属。病毒粒体线状,略弯曲。观察病毒粒体的形态,是否有内含体。

(十一)玉米粗缩病

1.症状

在整个生长期都可感染发病,以苗期发病为害严重。玉米出苗后即可感病,5～6叶时才开始表现症状,病株先在心叶中脉两侧的细脉间出现透明的虚线点,以后透明线点增多,叶背主脉上产生长短不等的白色蜡状突起(脉突),叶片浓绿,表面粗糙;病株节间缩短,植株严重矮化。重病株不能抽穗或形成畸形穗。注意观察病株叶片有何变化,田间症状诊断的主要鉴别特征,病株呈何状态,同矮化叶病的症状有何区别。

2.病原

玉米粗缩病毒(Maize Rough Dwarf Virus,MRDV),属斐济病毒属。病毒粒体球形。观察病毒粒体的电镜照片。

(十二)玉米细菌性萎蔫病

1.症状

维管束病害,细菌堵塞维管束,轻病株矮化,重病株萎蔫死亡,以开花前后症状明显。病株叶片上产生不规则、波状淡绿色条纹,后期变褐枯死。基部茎髓中空。注意观察:① 用刀片切病株的导管,切口处是否流出黄色的脓液。是否可以拉成丝状。② 病株的地上部分呈何状态。

2.病原

玉米细菌性枯萎病菌(*Pantoea stewartii* subsp. *stewartii*)属薄壁菌门泛菌属细菌。菌体杆状,无鞭毛。革兰氏染色反应呈阴性。用解剖刀切取病维管束,将溢脓流在载玻片上的水滴中,经涂片、固定、革兰氏染色后镜检。注意观察菌体的形态及染色反应。

五、思考题

(1)绘制玉米小斑病菌、玉米大斑病菌、玉米丝黑穗病菌形态图。
(2)列表比较玉米叶斑类病害、黑穗(粉)病、病毒病的症状区别和病原菌的特征。

实训四　油菜主要病害的识别

一、实训目的

(1)掌握油菜主要病害的症状特点。
(2)掌握油菜主要病害病原物的形态特征。

二、内容说明

油菜在我国长江流域和黄淮地区各省广泛种植,油菜病害种类比较复杂,攀西地区油菜以油菜菌核病、油菜病毒病和油菜霜霉病为生产上的重要病害。

三、主要仪器设备及用具

(1)实训材料:油菜菌核病、油菜霜霉病、油菜病毒病等油菜主要病害的新鲜标本、挂图、病原菌玻片、多媒体教学课件(包括幻灯片、录像带、光盘等影像资料)。

(2)主要仪器及用具:幻灯机、投影仪、计算机及多媒体教学设备,显微镜、载玻片、盖玻片、解剖刀、刀片、挑针、纱布、擦镜纸等。

(3)药品试剂:蒸馏水滴瓶、无菌水等。

四、操作步骤与方法

(一)油菜菌核病

1.症状

苗期在接近地面的根颈和叶柄上,形成红褐色斑点,后转为白色。病组织变软腐烂,有白色菌丝,重者可致苗死亡。成株期叶、茎、花、果和种子均可感病。叶感病后初生暗青色水渍状斑块,后扩展成圆形或不规则形大斑。病斑呈灰褐色或黄褐色,有同心轮纹,外围呈暗青色,外缘具有黄晕。潮湿时,病斑迅速扩大,全叶腐烂;干燥时,病斑破裂穿孔。茎部病斑初呈水渍状,浅褐色,椭圆形、棱形、长条形状绕茎大斑。病斑略凹陷,有同心轮纹,中部白色,边缘褐色,病健交界明显。病害严重时,病茎上长满絮状菌丝,故称为"白秆""霉秆"等。此时植株干枯而死或提早枯熟,可见皮层纵裂。角果感病形成不规则白色病斑。种子感病后表面粗糙,灰白色,无光泽。在发病的茎内外和角果上均可形成大小不等的鼠粪状菌核。

2.病原

核盘菌[*Sclerotinia sclerotiorum*(Lib.)de Bary]属子囊菌门真菌。菌核长圆形至不规则形,似鼠粪状,初白色后变灰色,内部灰白色。菌核萌发后长出单个或多个具长柄的肉质黄褐色盘状子囊盘,盘上着生一层子囊和侧丝,子囊呈无色棍棒状,内含单胞无色子囊孢子8个,侧丝无色,丝状,夹生在子囊之间。

(二)油菜霜霉病

1.症状

油菜各生育期均可感病,为害油菜上部分各器官。叶片发病后,初为淡黄色斑点,后扩大成黄褐色大斑,受叶脉限制呈不规则形,叶背面病斑上出现霜状霉层。茎、薹、分枝和花梗感病后,初生褪绿斑点,后扩大成黄褐色不规则形斑块,斑上有霜霉病菌。花梗发病后有时肥肿、畸形,花器变绿、肿大,呈"龙头"状,表面光滑,上有霜状霉层。感病严重时叶枯落直至整株死亡。

2.病原

寄生霜霉(*Peronospora parasitica*)属卵菌门霜霉属菌物。孢囊梗无色,向顶端分支,每小梗顶端着生一个孢子囊;孢子囊单胞无色,长椭圆形。发病后期在病组织内产生卵孢子,卵孢子球形,厚壁。用解剖刀或挑针从病叶背面挑取少许霜状霉制片镜检,观察孢囊梗及孢子囊形态特征。用解剖刀在病花轴的"龙头"上刮取少量病组织制片镜检,观察卵孢子的形态特征。注意观察显微镜下孢囊梗分枝方式如何,孢子囊有无颜色和乳突,卵孢子形状如何,是什么颜色,外表是否光滑。

(三)油菜病毒病

1.症状

不同类型油菜上的症状差异很大。甘蓝型油菜苗期症状有:① 黄斑和枯斑。两者常伴有叶脉坏死和叶片皱缩,老叶先显症。前者病斑较大,呈淡黄色或橙黄色,病健分界明显。后者较小,呈淡褐色,略凹陷,中心有一黑点,叶背面病斑周围有一圈油渍状灰黑色小斑点。② 花叶。与白菜型油菜花叶相似,支脉和小脉半透明,叶片成为黄绿相间的花叶,有时出现疱斑,叶片皱缩。成株期茎秆上症状有:① 条斑。病斑初为褐色至黑褐色梭形斑,后成长条形枯斑,连片后常致植株半边或全株枯死。病斑后期纵裂,裂口处有白色分泌物。② 轮纹斑。从棱形或椭圆形病斑中心开始出现针尖大的枯点,其周围有一圈褐色油渍状环带,整个病斑稍凸出,病斑扩大,中心呈淡褐色枯斑,其上有分泌物,外围有 2～5 层褐色油渍状环带,形成同心圈。病斑连片后呈花斑状。③ 点状枯斑。茎秆上散生黑色针尖大的小斑点,斑周围稍呈油渍状,病斑连片后斑点不扩大。发病株一般矮化,畸形,薹茎短缩,花果丛集,角果短小扭曲,上有小黑斑,有时似鸡爪状。白菜型和芥菜型油菜的主要症状,苗期为花叶和皱缩,后期为植株矮化,茎和果轴短缩。

2.病原

油菜病毒病主要由芜菁花叶病毒(Turnip Mosaic Virus,TuMV)、黄瓜花叶病毒(Cucumber Mosaic Virus,CMV)和烟草花叶病毒(Tobacco Mosaic Virus,TMV)所致,不同油菜产区病毒主次不尽相同,通常以 TuMV 为主。TuMV 粒体为线状,CMV 粒体为球状,TMV 粒体为棒状。根据实验提供的病毒电镜图片,或有关多媒体教学课件影像资料,观察三种病毒粒体形态。

五、思考题

绘制油菜菌核病病原形态图。

实训五　马铃薯主要病害的识别

一、实训目的

(1)掌握马铃薯主要病害的症状特点。
(2)掌握马铃薯主要病害病原物的形态特征。

二、内容说明

全世界已报道的马铃薯病害有近百种,在我国严重影响产量和品质的重要病害有 10 多种,主要包括马铃薯晚疫病、马铃薯疮痂病、马铃薯青枯病、马铃薯环腐病、马铃薯病毒病、马铃薯线虫病等。

三、主要仪器设备及用具

（1）实训材料：马铃薯晚疫病、马铃薯疮痂病、马铃薯青枯病、马铃薯环腐病、马铃薯病毒病、马铃薯线虫病等病害的标本及新鲜材料，挂图，病原菌玻片，瓶装浸渍标本，多媒体教学课件（包括录像带、光盘、幻灯片等影像资料）。

（2）主要仪器及用具：幻灯机、投影仪、计算机及多媒体教学设备、显微镜、载玻片、盖玻片、解剖刀、刀片、挑针、纱布、擦镜纸、徒手切片工具等。

（3）药品试剂：蒸馏水滴瓶、革兰氏染色液一套、香柏油、二甲苯、无菌水等。

四、操作步骤与方法

（一）马铃薯晚疫病

1. 症状

主要侵害叶、茎和薯块。叶片染病先在叶尖或叶缘生成水浸状绿褐色斑点，病斑周围具浅绿色晕圈，湿度大时病斑迅速扩大，呈褐色，并产生一圈白霉，尤以叶背最为明显；干燥时病斑变褐干枯，质脆易裂，不见白霉，且扩展速度减慢。茎部或叶柄染病，出现褐色条斑。发病严重的叶片萎垂、卷缩，终致全株黑腐，全田一片枯焦，散发出腐烂气味。块茎染病初生褐色或紫褐色大块病斑，稍凹陷，病部皮下薯肉也呈褐色，慢慢向四周扩大或腐烂。

2. 病原

致病疫霉[*Phytophthora infestans*（Mont.）de Bary]属卵菌门疫霉属菌物。病部白色霉层是病原菌的孢囊梗和孢子囊，孢囊梗无色，有分枝。孢子囊无色，单胞，卵圆形，顶部有乳状突起，基部有明显的脚胞。卵孢子萌发产生芽管，在芽管的顶端产生孢子囊，自然条件下少见。取病菌切片观察孢囊梗和孢子囊形态，注意孢囊梗分枝情况。

（二）马铃薯疮痂病

1. 症状

马铃薯块茎表面先产生褐色小点，扩大后形成褐色圆形或不规则形大斑块。因产生大量木栓化细胞致表面粗糙，后期中央稍凹陷或凸起呈疮痂状硬斑块。病斑仅限于皮部，不深入薯块内，有别于粉痂病。

2. 病原

疮痂链霉菌（*Streptomyces scabies*）属放线菌。菌体丝状，有分枝，极细，尖端常呈螺旋状，连续分割生成大量孢子。

（三）马铃薯青枯病

1. 症状

病株稍矮缩，叶片浅绿或苍绿，下部叶片先萎蔫后全株下垂，开始早晚恢复，持续4～5 d后，全株茎叶全部萎蔫死亡，但仍保持青绿色，叶片不凋落，叶脉褐变，茎出现褐色条纹。块茎染病后，轻者不明显，重者脐部呈灰褐色水浸状，切开薯块，维管束圈变褐色，挤压时溢出白色黏液，但皮肉不从维管束处分离，严重时外皮龟裂，髓部溃烂如泥，可区别于枯萎病。

2.病原

青枯假单胞菌(*Pseudomona solanacearum*)属薄壁菌门劳尔氏属细菌。菌体为杆状,无芽孢,无荚膜,极生鞭毛1～4根或无鞭毛,革兰氏染色阴性。观察培养基平板上病菌的菌落特征,注意野生型和变异型的菌落大小和颜色差异。取染色的切片在油镜下观察病菌的形态和革兰氏染色反应。

(四)马铃薯环腐病

1.症状

本病属细菌性维管束病害。地上部染病后症状分为枯斑和萎蔫两种类型。枯斑型多在植株基部复叶的顶上先发病,叶尖、叶缘及叶脉呈绿色,叶肉为黄绿或灰绿色,具有明显斑驳,且叶尖干枯或向内纵卷,病情向上扩展,致全株枯死;萎蔫型初期则从顶端复叶开始萎蔫,叶缘稍内卷,似缺水状,病情向下扩展,全株叶片开始褪绿,内卷下垂,最终导致植株倒伏枯死。块茎发病切开可见维管束变为乳黄色至黑褐色,皮层内现环形或弧形坏死部,故称环腐。经贮藏的块茎芽眼变黑、干枯,播种后不出芽,或出芽后枯死或形成病株。病株的根、茎部维管束常变褐,病部有时溢出白色菌脓。

2.病原

环腐棒杆菌(*Clavibacter michiganense*)属厚壁菌门棒形杆菌属细菌。菌体杆状,有的近圆形或棒状,无鞭毛,有时可以看到相连的呈V形、L形和Y形的菌体,革兰氏染色反应为阳性。观察营养培养基平板上菌落的形状和颜色,并与马铃薯青枯病菌相比较。在显微镜下观察病原菌形态和革兰氏染色反应。

(五)马铃薯病毒病

1.症状

常见的马铃薯病毒病有以下3种类型:① 花叶型。叶面叶绿素分布不均,呈浓绿淡绿相间或黄绿相间斑驳花叶,严重时叶片皱缩,全株矮化,有时伴有透明叶脉。② 坏死型。叶、叶脉、叶柄及枝条、茎部都可出现褐色坏死斑,病斑发展连接成坏死条斑,严重时全叶枯死或萎蔫脱落。③ 卷叶型。叶片沿主脉或自边缘向内翻转,变硬、革质化,严重时每片小叶呈筒状。此外还有复合侵染,引到马铃薯发生条斑坏死。

2.病原

花叶型病毒病由马铃薯Y病毒(Potato Virus Y,PVY)和X病毒(Potato Virus X,PVX)或由二者复合侵染引起。PVX属马铃薯X病毒组,为单链RNA,线状粒体。PVY属马铃薯Y病毒组,也为单链RNA,线状粒体。马铃薯卷叶病由马铃薯卷叶病毒(Potato Leaf Roll Virus,PLRV)引起,属黄矮病毒组。PLRV为单链RNA,无包膜,球状粒体,直径24nm。马铃薯纺锤块茎病由马铃薯纺锤形块茎类病毒(Potato Spindle Tuber Viroid,PSTVd)类病毒引起,是一种游离的低分子量核糖核酸,无蛋白质外壳。观看有关病毒的电镜照片或多媒体光盘资料,比较其形态差异。

(六)马铃薯线虫病

1. 症状

马铃薯线虫病是重要的对外检疫对象。发病后植株矮黄,结薯少而小,根上露出黄褐色或白色的胞囊。从相关的图片或多媒体光盘资料中观察马铃薯金线虫和马铃薯白线虫的为害状。

2. 病原

马铃薯金线虫(*Globodera rostochiensis*)和马铃薯白线虫(*Globodera pallida*)两种,属垫刃目球胞囊线虫属线虫。马铃薯金线虫孢囊呈金黄色,球形;马铃薯白线虫孢囊为灰白色或乳白色。马铃薯金线虫肛阴距 60 μm,幼虫口针长 21 μm 左右,马铃薯白线虫肛阴距 44 μm,幼虫口针长 23 μm 左右。在体视显微镜下观察两种线虫的孢囊,通过体视显微镜观察两种线虫的肛阴距和 2 龄幼虫示范片。

五、思考题

(1)绘制马铃薯晚疫病菌病原菌形态图。

(2)归纳比较马铃薯上述几种病害的症状。

实训六　烟草主要病害的识别

一、实训目的

(1)掌握烟草主要病害的症状特点。

(2)掌握烟草主要病害病原物的形态特征。

二、内容说明

目前,烟草生产上常见的病害包括烟草黑胫病、烟草气候性斑点病、烟草赤星病、花叶病、烟草炭疽病、烟草根结线虫病、烟草青枯病、烟草野火病和烟草角斑病等,认识其症状,有利于开展有效的防治。

三、主要仪器设备及用具

(1)实训材料:烟草炭疽病、烟草黑胫病、烟草赤星病、烟草蛙眼病、烟草青枯病、烟草野火病、烟草角斑病、烟草病毒病、烟草根结线虫、烟草气候性斑点病等病害的标本及新鲜材料,挂图,病原菌玻片,瓶装浸渍标本,多媒体教学课件(包括录像带、光盘、幻灯片等影像资料)。

(2)主要仪器及用具:幻灯机、投影仪、计算机及多媒体教学设备,显微镜、载玻片、盖玻片、解剖刀、刀片、挑针、纱布、擦镜纸、徒手切片工具等。

(3)药品试剂:蒸馏水滴瓶、革兰氏染色液一套、香柏油、二甲苯、无菌水等。

四、操作步骤与方法

(一)烟草炭疽病

1. 症状

烟草炭疽病俗称"水点子""麻子斑"或"雨斑",是苗期和大田期常发的病,发病初期,叶片出现暗绿色水浸状小斑点,1~2 d后可扩大成直径2~5 mm的圆形病斑,病斑中央为灰白色、白色或黄褐色,稍凹陷,边缘明显,稍隆起呈赤褐色,通常在叶的下表皮出现油色或沾有油色的颜色,后期病斑中央呈羊皮纸状、破碎、穿孔。叶柄及叶脉上的病斑呈条形或梭形,中央凹陷,边缘褐色,中央灰白色或黄褐色。在干燥条件下,病斑边缘呈黄褐色或褐色,中央呈灰白色,稍凹陷,后期病斑中央呈羊皮纸状,易破碎、穿孔;在潮湿条件下,病斑稍大,颜色较深,往往呈褐色或黄褐色,有时有轮纹;病斑密集时,常愈合成大斑块或枯焦似火烧状。病斑较多或较大时,常使幼苗倒折或叶片折断。

2. 病原

烟草炭疽病菌(*Colletotrichum nicotianae* Av. Sacca)属半知菌门,炭疽菌属。病原菌分生孢子盘为黑色,中部略突起,盘上密生分生孢子梗。分生孢子梗无色、单胞,两端各含1个小油球。孢子堆中混生刚毛,刚毛为暗褐色,有隔膜,基部粗,向上逐渐变细,中间常含有几度弯曲,顶端钝圆。

(二)烟草黑胫病

1. 症状

烟草黑胫病在苗床和大田均可发生,苗期很少发病,主要为害大田烟草。根、茎、叶都能发病,但以茎部为主。症状特点:幼苗染病,幼茎基部产生黑色病斑,或子叶发病沿叶柄蔓延至幼茎。气候冷凉干燥时,病株往往变黑干缩而枯死;湿度大时,全株迅速腐烂,病部长满白色菌丝,幼苗成片死亡。大田成株期发病,一般多在根或茎基部,主要症状有:①"穿大褂"。茎基部受害向髓部扩展,影响水分的运送,初期病株的叶片是白天萎蔫,夜间恢复,之后烟草病株叶片自下而上依次变黄,大雨后遇烈日高温,则全株叶片突然凋萎,然后枯死,故农民称之为"穿大褂"。②"黑膏药"。叶片染病初为水渍状暗绿色小斑,后扩大为中央黄褐色坏死,边缘不清晰隐约有轮纹,呈"膏药"状黑斑。在潮湿条件下,表面产生白色绒毛状物,俗称"黑膏药""猪屎斑"。③"腰漏"。叶部病斑发展较快,数日内可通过主脉经叶基到达烟茎,造成茎中部出现黑褐色坏死,而呈"腰漏""腰烂"状。④"笋节"状髓或"碟片"状髓。病茎髓部因病菌毒素作用而变褐、变黑、干缩、分离成碟片状,犹如笋节,片层间生有白色、疏松絮状物,潮湿时病茎外表也可见白色絮状物。该症状是烟草黑胫病区别于其他根茎类病害的特征症状。

2. 病原

寄生疫霉烟草致病变种[*Phytophthora parasitica* var. *Nicotianae*(Breda de Hean)Tucker],属卵菌门疫霉属。菌丝无色、无隔膜(偶尔在老熟菌丝中有横隔膜),直径3~11 μm,菌丝内含有大量油球,粗细不均,分枝多呈锐角。孢囊梗从病组织气孔中伸出,孢子囊顶生或侧生,梨形至椭圆形,有乳突(幼嫩孢子囊乳突不明显)。孢子囊双层壁,外层薄、内层厚,在适宜条件下孢子囊可释放 5～30 个游动孢子。游动孢子近圆形或肾形,侧生双鞭毛,可在水中游动。

(三)烟草赤星病

1.症状

最初在叶片上形成黄褐色圆形小斑,之后变成褐色,边缘明显,同时具有明显的同心轮纹,外围有淡黄色晕圈,病斑直径可达 1～2.5 cm。为害茎秆、叶脉、蒴果,产生深褐色或黑色圆形或长圆形凹陷病斑。天气潮湿时,病斑中央会出现黑色霉状物,即病菌的分生孢子梗和分生孢子。天气干燥时,有的病斑破裂。发病严重时,许多病斑相互连接合并,叶片枯焦脱落,有时在叶脉和茎干上形成深褐色梭形小斑。烟草赤星病和烟草野火病外观症状相似,不易区分,但烟草野火病病斑没有明显的同心轮纹,也不出现黑色霉状物,而且病斑外围的黄色晕圈比烟草赤星病幅宽、色淡、界线不分明。烟草蛙眼病的田间症状也易与烟草赤星病混淆,区别在于烟草蛙眼病病斑较小,周围没有褪绿晕圈,无明显的同心轮纹,中心为白色羊皮纸状。

2.病原

链格孢[*Alternaria alternate*(Fries)Keissler],属半知菌门,交链孢属。菌丝无色,有隔膜,分生孢子梗顶端屈曲,褐色,1～3 个隔膜,常成堆聚集于病组织表面。褐色分生孢子呈链状着生于梗上,孢子链偶有分枝。靠近分生孢子梗的孢子较大,而顶端孢子较小,仅有 2 个细胞。分生孢子有近圆形、倒棍棒形、长椭圆形等几个类型,多数具有 1～3 个纵隔膜、3～7 个横隔膜。

(四)烟草蛙眼病

1.症状

病斑一般发生在烟株下部老叶上,然后由下部叶向上部叶蔓延发展。病斑较小,圆形,初为水渍状暗绿色小点,逐渐扩展成褐色或灰白色,中央为白色,有狭窄而带深褐色边缘的圆形病斑。病斑大小因烤烟品种和自然条件不同而不同。病斑直径多为 0.2～0.5 cm。病斑分为 3 个层次,外层为褐色狭窄边缘;二层呈褐色或条褐色;中心呈灰白色羊皮纸状,形如青蛙眼球,故名"蛙眼病"。高湿条件下,病斑中央生有微小黑点或灰色霉层,是病菌的分生孢子梗和分生孢子。病害发展到后期,如遇暴风雨,病斑常破裂脱落成穿孔,严重时许多病斑连接成片,整个叶片枯死。如叶片采收前 2～3 d 受侵染,进入烤房后就形成绿斑或黑斑。

2.病原

烟草尾孢菌(*Cercospora nicotianae* Ellis et Everhart),属半知菌门尾孢属。菌丝无色,有隔膜。分生孢子梗褐色,弯曲,有隔膜,不分枝,丛生在子座上。分生孢子细长,无色,鞭状,直或微弯,基部较粗,具有 5～10 个横隔膜,无纵隔膜。

(五)烟草青枯病

1.症状

烟草青枯病是典型的维管束病害,根、茎、叶都可受害,最典型症状是枯萎。有的叶片一半枯萎,而另一半正常,俗称"半边疯";而枯后叶片仍呈绿色,故又称青枯病。感病枯萎的叶片,初期仍为青绿色,茎和叶脉内的导管变黑,随后病菌侵入皮层及髓部,外表发现纵长的黑色条斑,无病一半正常,呈"半边疯"状态,挤压切口出现黄白色乳状"菌脓"。

2. 病原

劳尔氏菌属烟草青枯病菌(*Ralstonia solanacearum*, E. F. Smith)。菌体杆状,两端钝圆,大小为(0.9～20)μm×(0.8～5)μm,具有 1～3 根鞭毛,多数单极生,偶有两极生,无内生孢子,无荚膜,为好气性细菌,革兰氏染色反应为阴性。

(六)烟草野火病

1. 症状

烟草野火病主要为害叶片,也能侵染花、果、茎秆和种子。叶上症状最初为水渍状褪绿小斑点,之后斑点扩大,中心部分逐渐变成红褐色坏死,直径为 0.1～0.8 cm,病斑周围有明显的黄色晕圈。黄色晕圈在幼苗期和成株期气候潮湿时最为明显,病斑常合并连接成大片坏死区,使叶片完全破坏,甚至破碎。茎、花、果发病后,形成不规则小斑点,初为水渍状,之后变褐坏死,花果因病斑较多而坏死、腐烂、脱落,茎上病斑略下陷,黄色晕圈不明显。在凉山烟区,烟草野火病易于在苗床期流行,造成整畦幼苗坏死如焚烧状。成株收烤前发病的叶片在采收烘烤过程中病斑会扩大 10%～25%。

2. 病原

烟草野火病菌[*Pseudomonas syringae* pv. Tabac(Wolf et Foster)Young et al.],为丁香假单孢杆菌的烟草专化型。菌体短杆状,有 1～6 根极生鞭毛,大小为(0.5～0.7)μm×(2～2.5)μm,革兰氏染色反应为阴性,不产生荚膜或芽孢。

(七)烟草角斑病

1. 症状

烤烟苗期和大田期均可发病,有时还与烟草野火病同时混合发生。烟草角斑病在烟株生长后期发病较重。病叶上形成多角形黑褐色小斑,边缘明显且保持褐色,四周无明显黄晕。成株叶片发病严重时,病斑呈多角形或不规则形,黑褐色或边缘黑褐色,中央呈灰褐或污白色,且常出现多重云形轮纹,沿叶脉发展时呈条臂状。阴天病斑表面有菌脓,干燥天气病斑会破裂、脱落。

2. 病原

烟草角斑病菌[*Pseudomonas syringae* pv. Angulata (Frome et al)Holland]与烟草野火病菌同种,因为烟草野火病菌产生野火毒素角斑病菌,不产生这种毒素而分为两个专化型,即丁香假单孢杆菌烟草专化型和角斑专化型。烟草角斑病菌为杆状菌体,单极或双极生1～6 根鞭毛,革兰氏染色反应为阳性,不产生芽孢和荚膜。

(八)烟草病毒病

1. 烟草普通花叶病毒病

(1)症状。烟草普通花叶病毒病俗称"疯烟""聋烟""癫烟"等,自苗床至大田整个生育期均可连续发生。烟株发病初期,叶脉及邻近叶肉组织色泽变淡,呈半透明"明脉"状,之后从叶基向叶尖发展,蔓延至整个叶片,形成黄绿相间的斑驳,叶面凹凸不平,叶缘局部向下翻卷,形成畸形叶。严重病株叶片皱缩、扭曲,叶片变细,叶缘有缺刻,植株矮化,生长缓慢,叶片不开片,花果变形。早期发病烟株节间缩短、植株矮化、生长缓慢。接近成熟的植株染病后,只在顶叶及杈叶上表现花叶。烟草普通花叶病毒病主要通过病汁液接触传染,种子、粪肥、土壤中的病株残体是主要的侵染来源,其次是其他带毒作物和杂草。苗床和烟田的人工管理操作可造成病害的进一步传播蔓延。

(2)病原。病原为烟草普通花叶病毒(Tobacco Mosaic Virus,TMV)。病毒粒子为直杆状,长 300 nm,直径 15～18 nm,由 2130 个蛋白亚基组成,螺旋对称构建一个空心的直杆状结构,螺距 2.3 nm,中孔直径 4 nm。

2.烟草黄瓜花叶病毒病

(1)症状。烟草黄瓜花叶病毒病在凉山烟区发生普遍,其发病率和损失程度仅次于普通花叶病毒病。烟草整个生育期均可发生,苗床期即可感染,移栽后开始发病,旺长期为发病高峰。发病初期表现出"明脉"症状,后逐渐在新叶上表现为深绿和浅绿相间的斑驳花叶,叶片变窄、变薄、狭长而扭曲,叶基部拉长,叶尖细长呈"鼠尾状",表面茸毛脱落,失去光泽,叶缘一般向上翻卷。有的病株中下部叶出现沿主侧脉的褐色坏死斑或深褐色闪电状坏死纹,严重受害烟株矮缩,根系发育不良。

(2)病原。病原为烟草黄瓜花叶病毒(Cucumber Mosaic Virus,CMV)。病毒粒体为球状正二十面体,直径为 28～30 nm。

(九)烟草根结线虫病

1.症状

烟草根结线虫病,俗称"鸡爪根""赖疙瘩根"和"马鹿根"。在苗期和大田成株期均可发生,大田期发病居多。发病时,首先是根部形成大小不等的根瘤,小的如米粒,病株须根很少,须根上初生根瘤为白色,逐渐长大,最大者如花生米,呈圆形或纺锤形,一条根上可串生多个根瘤。根瘤随根系分布在 25 cm 的耕作层内,严重时整个根系肿胀变粗呈鸡爪状,根瘤后期中空腐烂,其中包藏大量不同发育阶段的病原线虫。根结一旦形成,地上部分即开始由绿变黄,生长缓慢,叶片易凋萎,中部叶片的叶边和叶尖出现黄色枯斑,叶片窄小枯焦,整个地上部分枯死,植株矮小。

2.病原

为害烟草的根结线虫主要有南方根结线虫(*Meloidogvne incognita* Chitwood)、爪哇根结线虫[*M. javanica*(Treub)Chitwood]、花生根结线虫[*M. arenaria*(Neal)Chitwood]及北方根结线虫(*M. hapla* Chitwood)等。我国主要以南方根结线虫为主。根结线虫分为卵、幼虫和成虫等虫态,雌雄异形,雌虫为梨形,雄虫为线形。

(十)烟草气候性斑点病

1.症状

烟草气候性斑点病一般发生于烟草团棵期至旺长期的中下部已全部伸展的叶片上。因病害的发生时期和发生条件不同,病害的症状主要有三种类型:① 白斑型。病害发生于团棵期后中下部叶片,病斑一般呈圆形、近圆形或不规则形。初为水渍状,后变褐色,在1~2 d内再变为灰白色甚至白色,病斑外缘组织稍褪绿变黄,斑点常集中在主脉和侧脉两侧及叶尖部位。最后,病斑中心坏死、下陷,严重时穿孔、脱落,特别严重时因许多病斑联合穿孔,可使叶片破烂不堪。但病斑中央不透明,也无黑点或黑色霉状物。② 褐斑型。此类型亦发生于团棵期后中下部叶片,症状及其演变与白斑型类似,但病斑变褐色后,长期保持褐色,不再变为灰白色,病斑内缘色更深,病健交界更明显。③ 环斑型。病斑常在白斑和褐斑的周围具1个甚至2个、3个由多点间断组成的轮环,这种环斑在同一叶片上,可以与上述两种类型同时发生,但所出现的数量及其比例则有多有少,斑点色泽也有白色与褐色两种。

2.病原

烟草气候性斑点病是一种非侵染性病害。目前国内外一系列的研究表明,该病主要是大气中的臭氧(O_3)伤害所致。

五、思考题

(1)细菌性病害与真菌性病害在症状表现上有何区别?

(2)烟草普通花叶病毒病症状和烟草黄瓜花叶病毒病的症状有何异同?

实训七　水稻主要害虫的识别

一、实训目的

(1)掌握水稻主要害虫的形态特征。

(2)掌握水稻主要害虫的为害状。

二、内容说明

水稻害虫种类很多,有记载的在300种以上,但较常见的仅30余种。水稻自播种出苗到成熟收获,经常受到各种害虫的危害。有食害根部的,如稻水象甲;有食害叶片的,如稻纵卷叶螟、稻苞虫等;有吸食植株汁液的,如稻飞虱类、稻叶蝉等;有钻入植株组织中取食的,如二化螟、三化螟等。在南方水稻种植区,稻纵卷叶螟、二化螟和稻飞虱是为害比较严重的害虫。

三、主要仪器设备及用具

(1)实训材料:二化螟、三化螟、大螟、台湾稻螟、黑尾叶蝉、白翅叶蝉、稻蓟马、稻管蓟马、花蓟马、稻纵卷叶螟、灰飞虱、白背飞虱、褐飞虱等水稻害虫的各虫态及为害状标本,三化螟、二化螟各级蛹,稻纵卷叶螟、褐飞虱各龄幼(若)虫的标本,有关挂图或幻灯片。

(2)主要仪器及用具:实体显微镜、扩大镜、镊子、挑针。

四、操作步骤与方法

(一)三化螟、二化螟、台湾稻螟、大螟形态特征及为害状观察

1.四种稻螟的形态特征观察

(1)成虫的形态观察。

① 三化螟:注意前翅的翅形、翅色,前翅所具明显黑点的位置,雌雄体形的大小、翅色的区别。雄蛾前翅黑点不如雌蛾明显,注意其翅外缘有 7~9 个小黑点,顶角至内缘中央有暗褐色斜带。

② 二化螟:注意前翅的翅形、翅色及翅面黑点分布与三化螟有何不同,雌、雄蛾在上述特征上的区别。鉴别二化螟还可根据其雄性外生殖器(抱握器)的特征,抱握器呈三角形,阳茎端环中间膨大,先端尖锐如鹅头状。注意翅面鳞片末端平直,并有等长的齿。

③ 台湾稻螟:体形较小,前翅黄褐色,散布褐斑,中部有深褐色金属光泽斑点与银白色鳞粉,外缘与中室之间有银白色斑,雌蛾色淡,斑点不如雄蛾明显。

④ 大螟:与前三者相比,大螟体明显粗壮,注意其前翅形状及翅面深色纵纹的分布。

(2)观察四种稻螟的幼虫标本,注意体色、纵线、腹足趾钩等特征,并加以比较。

四种稻螟幼虫特征比较结果见表 3-1。

表 3-1　　　　　　　　　　　　**四种稻螟幼虫特征比较**

虫名 特征	三化螟	二化螟	台湾稻螟	大螟
体色	污白或淡黄绿色	淡褐	污白或淡褐色	体粗壮,背面紫色
纵线	无,但背血管 映出似背中线	5条,背中线细, 具气门线	5条,具气门上线	无
腹足趾钩	全环	全环	全环	中带式

2.四种稻螟的为害状观察

四种稻螟均蛀食为害,观察其为害状,可见枯心苗、白穗、枯孕穗、半枯穗等。二化螟还可造成明显的枯叶鞘及叶片发红等症状,大螟也可造成枯叶鞘,但为害部位有较大的虫孔,并有粪便排出,台湾稻螟在稻茎内刮食内壁组织,常使受害株茎部呈黄色,稻株常曲折。

(二)黑尾叶蝉、白翅叶蝉形态特征及为害状观察

观察两种叶蝉成虫标本:黑尾叶蝉、白翅叶蝉均属同翅目叶蝉科。

1.两种叶蝉形态特征观察

黑尾叶蝉:体黄绿色,头部近前缘有一黑色横带,雄虫前翅末端 1/3 处呈黑色,雌虫前翅末端呈淡褐色。

白翅叶蝉:体橙黄色,前翅白色、半透明,前胸背板中央有一不明显的隆脊,形成菱形暗色纹。

2.两种叶蝉的为害状

白翅叶蝉的为害状:成虫若虫刺吸水稻叶片汁液,受害叶片初现零星小白点,后连成点状条斑或白色条斑,最终变为褐色,影响生长发育和千粒重。

(三)稻蓟马、花蓟马、稻管蓟马形态特征及为害状观察

(1)观察三种蓟马的若虫,稻蓟马体乳白色至淡黄色,花蓟马体橘黄色,稻管蓟马体淡黄色,4龄若虫体侧常有红斑。在实体显微镜下观察蓟马各龄若虫标本,注意若虫在不同龄期触角的伸向及翅芽长度等特征。

(2)在实体显微镜下观察三种蓟马的成虫标本,对照表3-2比较三种蓟马成虫的特征。

表 3-2　　　　　　　　　　　　三种蓟马的区别

种类 特征	稻蓟马	花蓟马	稻管蓟马
腹部末端	腹部末端不呈管状,雌虫有锯齿状产卵器	与稻蓟马同	腹部末端管状,雌虫无锯齿状产卵器
触角	7节	8节	8节
前翅及其他	前翅淡褐色,上脉鬃不连续,有端鬃3根,下脉鬃11~13根;单眼间鬃短;前胸后缘角每边有2根长鬃,后缘有3对短鬃	前翅淡灰色,上下脉鬃连续,上脉鬃19~22根,下脉鬃14~16根;单眼间鬃长;前胸后缘角每边有2根长鬃,后缘有6对短鬃,近中线的第2对较长	前翅细长,端部圆,除基部颜色较浓并有3根小刚毛外,大部分无色、透明,无鬃毛

(3)观察受害水稻秧苗及稻穗,注意其叶尖卷缩及瘪粒的症状。

(四)稻纵卷叶螟的形态特征及为害状观察

(1)观察稻纵卷叶螟雌雄成虫:观察成虫标本,描述其体形、翅色、前后翅翅面上黑色带纹及线纹的分布,比较雌、雄蛾的翅色,注意雄蛾前翅短纹上具黑色毛簇。

(2)观察稻纵卷叶螟与近似种水稻显纹纵卷叶螟[*Susumia exigua*(Butler)]成虫的异同:显纹纵卷叶螟与稻纵卷叶螟相似,但体形略小,黑褐色条纹横贯全翅,外缘的褐色带纹内折呈"]"形。

(3)观察稻纵卷叶螟卵、幼虫和蛹的特征。

卵:近椭圆形,扁平,贴附在叶面的叶脉间,在显微镜下可见卵壳表面的网状纹。

幼虫:多居于纵卷的稻叶内,细长,黄绿色,老熟时呈橘红色。识别时注意前胸背板的黑

色纹及中、后胸毛片的排列方式。幼虫龄期主要根据头色、体色及胸部黑纹的变化确定,试观察并比较之。

蛹:幼虫多在稻丛基部化蛹,蛹圆筒形,末端尖削。

(4)观察稻纵叶螟不同龄期幼虫卷叶的部位、形状及受害叶片上的白色条斑。

(五)观察三种稻飞虱(灰飞虱、白背飞虱、褐飞虱)

(1)观察、比较、鉴别三种稻飞虱(灰飞虱、白背飞虱、褐飞虱)成虫标本,识别三种稻飞虱的短翅型成虫:观察三种稻飞虱的短翅型成虫,可见前翅仅覆盖腹部的 $1/3 \sim 2/3$,腹部肥胖,有翅痣,与若虫有显著区别。

(2)识别三种稻飞虱的各龄若虫:取实验材料中各龄若虫仔细观察,注意各龄若虫的体形、翅芽及体色、斑纹的变化。

(3)识别三种稻飞虱的卵条特征:三种稻飞虱的卵均为椭圆形,略弯曲。褐飞虱卵条中的卵粒前端成单行排列,后端拼成双行,白背飞虱卵粒成单行排列,灰飞虱卵粒成簇或双行排列,卵帽微外露。

(4)稻飞虱为害状观察:在稻飞虱为害严重的稻田中,拔取受害株与健株进行观察,比较其植株发育状况,并观察茎基部受害后变黑、腐烂及感染菌核病等症状。注意茎基部产卵痕的数目及产卵痕密集时对稻株的为害情况。

五、思考题

(1)绘制三化螟、二化螟、大螟成虫前翅图。

(2)绘制黑尾叶蝉雌、雄成虫图。

实训八　小麦主要害虫的识别

一、实训目的

(1)掌握小麦主要害虫各虫态的形态特征。

(2)掌握小麦主要害虫的为害状。

二、内容说明

小麦的害虫种类非常多,主要有麦长管蚜、麦二叉蚜、黍缢管蚜、麦长腿蜘蛛、麦圆蜘蛛和麦秆蝇等害虫。

三、主要仪器设备及用具

(1)实训材料:麦长管蚜、麦二叉蚜、黍缢管蚜、麦长腿蜘蛛、麦圆蜘蛛和麦秆蝇等害虫的成、幼(若)虫及为害状标本,有关害虫的生活史挂图及幻灯片。

(2)主要仪器及用具:实体显微镜、扩大镜、镊子、玻璃皿等。

四、操作步骤与方法

(一)三种麦蚜

(1)比较三种麦蚜的有翅胎生雌蚜和无翅胎生雌蚜在体色、体形上的异同,实测它们的体长,并对照表3-3仔细鉴别。

表3-3　　　　　　　　　　　　三种麦蚜形态特征比较

特征 ＼ 种类	麦长管蚜	麦二叉蚜	黍缢管蚜
触角	比体长长,6节	略短于体长,6节	比体长短,约为体长的一半,6节
前翅中脉	分3支	分2支	分3支
腹管	较长,圆筒形,黑色	细而短,端部黑色	较短,黑色,端部缢缩似瓶
尾片	黄绿色,比腹管短	约与腹管同长	为腹管长的一半,黑色

(2)观察麦蚜群集为害麦叶、麦穗,致使叶片变黄、麦粒变瘪的症状标本,并称量受害株麦粒与健株麦粒的千粒重,求出减产率。

(二)麦蜘蛛类

麦蜘蛛类主要有麦圆蜘蛛和麦长腿蜘蛛两种,前者属叶爪螨科,后者属四爪螨科。

(1)在实体显微镜下,观察、比较两种麦蜘蛛的体长、体形、色泽及第一、四对足的长度等特征,注意麦圆蜘蛛背肛的位置。识别麦长腿蜘蛛的雌雄及滞育卵与非滞育卵。

(2)观察受害的麦叶,识别不同受害程度的白色斑点及黄叶症状。

(三)麦秆蝇

麦秆蝇又名黄麦秆蝇、绿麦秆蝇,属双翅目秆蝇科(黄潜蝇科)。

(1)观察小麦不同生育期受麦秆蝇为害而形成的枯心、烂穗、白穗、坏穗等症状。属水蝇科的麦水蝇也可造成类似症状。

(2)观察麦秆蝇成虫及幼虫标本。成虫为小型蝇类,体黄绿色,有青绿色光泽,下颚须基部黄绿色,端部的2/3部分膨大成棍棒状,黑色;注意其胸部背面的三条纵纹特征、足的颜色、膨大的腿节及弯曲的胫节。

五、思考题

(1)绘制麦长管蚜与麦二叉蚜的前翅脉序图。

(2)绘制三种麦蚜腹管及尾片形状图。

实训九　玉米主要害虫的识别

一、实训目的

(1)掌握玉米主要害虫各虫态的形态特征。

(2)掌握玉米主要害虫的为害状。

二、内容说明

随着近几年农业生产水平的提高、品种的更换及耕作制度的改变,玉米的虫害发生和危害呈加重趋势,玉米害虫主要有玉米螟、玉米蚜虫、玉米蓟马等。

三、主要仪器设备及用具

(1)实训材料:玉米螟、玉米蚜虫、玉米蓟马等成虫、幼虫及各种害虫的为害状标本,有关害虫的生活史挂图及幻灯片。

(2)主要仪器及用具:实体显微镜、扩大镜、硬泡沫塑料板,小镊子、玻璃皿等。

四、操作步骤与方法

(一)玉米螟

1.形态特征

成虫黄褐色,雄蛾体长 10~13 mm,翅展 20~30 mm,体背黄褐色,腹末较瘦尖,触角丝状,灰褐色,前翅黄褐色,有两条褐色波状横纹,两纹之间有两条黄褐色短纹,后翅灰褐色;雌蛾形态与雄蛾相似,色较浅,前翅鲜黄,线纹浅褐色,后翅淡黄褐色,腹部较肥胖。卵呈扁平、椭圆形,数粒至数十粒组成卵块,呈鱼鳞状排列,初为乳白色,渐变为黄白色,孵化前卵的一部分为黑褐色(为幼虫头部,称黑头期)。老熟幼虫,体长 25 mm 左右,圆筒形,头部黑褐色,背部颜色有浅褐、深褐、灰黄等多种,中、后胸背面各有毛瘤 4 个,腹部 1~8 节背面有两排毛瘤,前后各两个。蛹长 15~18 mm,黄褐色,长纺锤形,尾端有刺毛 5~8 根。

2.为害状

玉米心叶期钻食心叶,当心叶展开时形成排孔。抽穗后蛀入茎秆或穗茎内,在穗期还可以咬食玉米花丝、嫩粒或蛀入穗轴中为害。被害的茎秆组织遭受破坏,影响养分的输送,使玉米穗部发育不全而减产,茎秆被蛀后易被风折断则损失更大。

(二)玉米蚜虫

1.形态特征

孤雌胎生雌蚜,长卵形,体长 1.8~2.2 mm,黑绿色,小蚜有黄褐色;触角 6 节,第 6 节端部为基部的 5 倍;腹管呈圆筒形,长与触角第三节相近,近末端缢缩,形成帽状,靠近端部色深;腹管基部周围有锈色斑。

2.为害状

蚜虫以成蚜、若蚜吸玉米汁液进行为害,轻者造成玉米生长不良,重者植株生长停滞,甚至死苗;玉米孕穗期,成、若蚜聚集在雄花花萼及穗梗上、雌穗包叶、花丝及棒三叶上为害。蚜量大时,蚜虫分泌"蜜露"下滴,感染霉菌,形成"黑穗",使玉米雄花不能发育成熟,难以散粉、授粉,造成玉米雌穗出现少行、缺粒和秃尖。同时蚜虫吸取汁液,造成玉米养分、水分失调,影响玉米正常生长,粒重下降,重者造成空秆。此外,蚜虫还传播玉米矮花叶病毒。近几年,由于气温升高,玉米连年种植,蚜虫天敌较少,越冬基数大,前期没有引起农民重视,繁殖数量较快,为害逐年加大。

(三)玉米蓟马

1.形态特征

雌成虫分长翅型、半长翅型和短翅型。体小,暗黄色,胸部有暗灰斑。前翅灰黄色,长而窄,翅脉少但显著,翅缘毛长。半长翅型翅长仅达腹部第5节,短翅型翅略呈长三角形的芽状。卵肾形,乳白至乳黄色。若虫体色乳青或乳黄,体表有横排隆起颗粒。蛹或前"蛹"(第三龄著虫)体淡黄色,有翅芽为淡白色,蛹块羽化时呈褐色。

2.为害状

主要为害玉米、麦类等禾本科作物,是典型的食叶害虫。6~8月为为害高峰期。它主要以成虫对植物造成危害,造成玉米苗期发育畸形,叶片扭曲、皱缩,叶正面出现黄色条斑,叶背面呈现断续的银白色条斑,受害重的叶片变黄枯干,严重影响作物的正常生长。

五、思考题

(1)绘制玉米螟的形态特征图。
(2)绘制玉米蚜虫的形态特征图。

实训十　烟草主要害虫的识别

一、实训目的

(1)掌握烟草主要害虫各虫态的形态特征。
(2)掌握烟草主要害虫的为害状。

二、内容说明

据调查,目前我国烟田发生的害虫有600余种,苗床期及大田期均有不同种类的害虫发生。烟草主要害虫有地下害虫类(地老虎、蝼蛄等)、烟蚜、烟青虫、斜纹夜蛾、烟草潜叶蛾、烟草蛀茎蛾等。

三、主要仪器设备及用具

(1)实训材料:蝼蛄、地老虎、烟青虫、烟蚜、斜纹夜蛾、烟草潜叶蛾、烟草蛀茎蛾等。

（2）主要仪器及用具：体视显微镜、放大镜、解剖针、表面皿等。

四、操作步骤与方法

(一)蝼蛄

蝼蛄属直翅目,蝼蛄科,俗称小土狗、啦啦蛄等。我国为害烟草的蝼蛄主要有3种:东方蝼蛄、华北蝼蛄和台湾蝼蛄。

1.东方蝼蛄(*Gryllotalpa orientalis* Burmeister)

东方蝼蛄成虫体长 30～35 mm,灰褐色,腹部色较浅,全身密布细毛。头呈圆锥形,触角为丝状。前胸背板为卵圆形,中间具一明显的暗红色长心脏形凹陷斑,凹陷长约 5 mm。前翅灰褐色,较短,仅达腹部中部。后翅扇形,较长,超过腹部末端。尾部具有 1 对尾须,前足为开掘足,后足胫节背面内侧有 3～4 个距。卵椭圆形,长 2.0～2.4 mm。初产时黄白色,有光泽,后变成黄褐色,孵化前呈暗褐色。若虫 7～8 龄。初孵化若虫体长约 4 mm,乳白色,复眼红色,行动迟缓。约 12 h 后身体变为浅灰色,2～3 龄后体色变深,接近成虫。末龄若虫体长 24～25 mm。

2.华北蝼蛄(*G. unispina* Saussure)

华北蝼蛄成虫与若虫体形较大,后足胫节背面内侧有 1 个距或消失,形态与东方蝼蛄相似,但有一定区别(表3-4)。

表 3-4　　　　　　　　　　　东方蝼蛄与华北蝼蛄的形态特征区别

虫期	项目	华北蝼蛄	东方蝼蛄
卵	大小	孵化前长 2.4～2.8 mm	孵化前长 3.0～3.2 mm
	颜色	乳白色→黄褐色→暗灰色	黄白色→黄褐色→暗紫色
若虫	体色	黄褐色	灰褐色
	腹部	末端近圆筒形	末端近纺锤形
成虫	体长	36～55 mm	30～35 mm
	体色	黄褐或黑褐色	灰褐色
	前胸	背部中央长心脏形大斑,凹陷不明显	背部中央长心脏形小斑,凹陷明显
	腹部	末端近圆筒形	末端近纺锤形
	前足	腿节内侧外缘弯曲,缺刻明显	腿节内侧外缘弯曲,缺刻不明显
	后足	胫节背面内侧有距 1 根或消失	胫节背面内侧有距 3～4 根

3.台湾蝼蛄(*Gryllotalpa fornosana* Shiraki)

台湾蝼蛄也称小蝼蛄。成虫体长 25～30 mm,头、胸部与触角为灰褐色,腹部背面和翅浅灰色,体腹面淡黄色;腹部末节背面两侧各生一对刚毛,刚毛末端交叉。

(二)地老虎

地老虎属鳞翅目,夜蛾科,又名切根虫、夜盗虫、土蚕、地蚕等,是烟区重要的地下害虫,其中为害较大的有小地老虎、黄地老虎、大地老虎和白边地老虎等。

1. 小地老虎[*Agrotis psilon*(Rottemburg)]

(1)成虫：体长 16～23 mm,翅展 42～45 mm,额部平整、无突起。雌蛾触角呈丝状,雄蛾触角基半部呈双栉齿状,端半部呈丝状。前翅呈暗褐色,前缘及外横线至中横线部分呈褐色,肾形斑,环形斑及剑形斑均有黑色斑环绕。在肾形斑外,有 1 个明显的尖端向外的楔形黑斑,在亚缘线内侧,有两个尖端向内的楔形黑斑,3 个楔形黑斑尖端相对,这是本种的突出特征。

(2)卵：扁球形,高 0.38～0.50 mm,宽 0.58～0.61 mm。初产时呈乳白色,渐变为淡黄色,孵化前呈褐色。

(3)末龄幼虫：体长 37～50 mm,头宽 3.0～3.5 mm。体色从淡黄色到褐色不等,背面有暗褐色纵带,表皮粗糙,密布大小不等的颗粒。头部呈黄褐至暗褐色,颅侧区有不规则的网纹。唇基为等边三角形,颅中沟很短,额区直达颅顶,呈中峰。腹部各节背面的毛片,后两个要比前两个大 3 倍左右。臀板黄褐色,有两条明显的暗褐色纵带。

(4)蛹：体长 18～24 mm,红褐至黑褐色,第 1～3 腹节无明显横沟,第 4 腹节背面有 3～4 排刻点,第 5～7 节背面刻点较侧面的大。尾端黑色,有尾刺 1 对。

2. 黄地老虎[*Agrotis segetum*(Schiffermüller)]

(1)成虫：体长 14～19 mm,翅展 32～43 mm。雌蛾触角丝状,雄蛾触角基部 2/3 处双栉齿状,端部 1/3 处丝状。前翅暗黄色,其上散布许多小黑点,各横线均为双曲线(但多不明显或变化较大)。肾形斑、环形斑及剑形斑较明显,并各具黑色边,中央暗褐色。后翅白色,半透明,前缘略带黄褐色。

(2)卵：扁圆形,高 0.44～0.49 mm,宽 0.69～0.73 mm,初产时呈乳白色,渐变为黄褐色,孵化前近黑色。

(3)末龄幼虫：体长 33～43 mm,头宽 2.8～3.0 mm,头部呈黄褐色,颅侧区有略呈狭长条形的黑褐色斑,唇基底边略大于斜边,呈等腰三角形。无或仅有极短的颅中沟,额区几乎直达颅顶,呈双峰。体黄褐色,表皮多皱纹。腹部各节背面的毛片,前两个比后两个稍大,臀板有纵间断开的两块黄褐色斑。

(4)蛹：长 16～19 mm,红褐色。第 1～3 腹节无明显的横沟,第 4 腹节背面有稀疏的刻点,第 5～7 腹节,刻点相同,腹部末端具尾刺 1 对,较粗。

3. 大地老虎(*Agrotis tokionis* Butler)

(1)成虫：体长 19～22 mm,翅展 42～52 mm,头部黄褐色,额平整、无突起。前翅肾形斑外有一个不规则的小黑斑,无剑形斑。后翅淡褐色,外缘有很宽的黑褐色部分,雌蛾触角丝状,雄蛾触角双栉齿状。

(2)卵：半球形,直径 1.8 mm,初产时乳白色,孵化前呈深褐色。

(3)末龄幼虫：体长 41～60 mm,头宽 3.8～4.2 mm,呈黄褐色。体表多皱褶,其上颗粒较小,不明显,唇基呈等腰三角形,底边大于斜边。颅中沟极短(约为唇基部的 1/5),额区直达颅顶,呈双峰。腹部各节背面毛片,前两个和后两个大小相似,臀板除端部两根刺毛附近外,几乎全部为一整块深褐色斑。

(4)蛹:长 22～27 mm,呈黄褐色。第 1～3 腹节有明显横沟,背面无刻点,第 4～7 腹节背面与侧面刻点大小相近,腹部末端色深,具黑褐色尾刺 1 对。

4.白边地老虎[*Euxoa oberthuri*(Leech)]

(1)成虫:体长 17～21 mm,翅展 37～45 mm。雄蛾触角锯齿状,有纤细毛丛,雌蛾触角纤毛状。翅色及斑纹变化很大,大体可分为以下两种类型:白边型,前翅前缘有明显的浅白色至黄白色宽带,中室后缘有淡色狭边,肾形斑、环形斑的两侧全为黑色,剑形斑黑色;暗化型,前翅深暗色,既无白边淡纹,又无黑色斑纹。两型之间还有过渡的中间型。但后翅均为褐色,翅反面均为浅褐色,外缘有两条褐线,中室有黑褐色斑点。

(2)卵:长球形,直径 0.7 mm,初产时为乳白色,后渐变为浅褐色,孵化前可见卵内有一个深褐色幼虫体。

(3)末龄幼虫:体长 35～40 mm,头宽 2.5～3.0 mm,黄褐色,颅侧区有许多褐色斑纹及 1 块黑斑。体黄褐色至暗褐色,体表无颗粒。腹部背面毛片,前两个略小于后两个。臀板基部有小黑点,略排成两个弧形。

(4)蛹:长 16～18 mm,腹部第 5～7 腹节上的刻点呈环形,背部刻点大而稠密,具尾刺一对。

(三)烟青虫

烟青虫学名为烟草夜蛾[*Heliothis assulta*(Guenee)],属鳞翅目、夜蛾科,又名青虫、青布袋虫,国内分布较广,其中以黄淮烟区、华中烟区、西南烟区的四川、贵州等地发生为害较重。

(1)成虫:体长 15～18 mm,翅展 27～35 mm,雌蛾身体背面及前翅为棕黄色;雄蛾为淡灰略带黄绿色,腹面淡黄色,复眼暗绿色。前翅内、中、外横线均为波状形的细纹;环状纹位于内横线与中横线之间,黑褐色,中横线的上半部分叉,上端有褐色肾形斑,外横线外有 1 条褐色宽带,沿外缘有 1 列黑毛,缘毛黄色。后翅淡黄色,近外缘有 1 黑色宽带,其内缘平直,内有一条黄褐色至黑褐色的斜纹与之平行。

(2)卵:扁球形,高 0.4～0.5 mm,表面具有 20 多条长短相间的纵棱,不伸达底部,纵棱间有若干横隆线,卵初产乳白色,数小时后变为浅灰黄色,近孵化时变为淡紫灰色。

(3)幼虫:初孵幼虫体长 2.0 mm,老熟幼虫体长 31～41 mm,头部呈黄褐色,体色多变,一般夏季多为绿色或青绿色,秋季体色多变,多为红色或暗褐色,一般烟叶上的幼虫为绿色,烟果上的幼虫为红褐色或深褐色。体背常散生白色小点,体表密布不规则的小斑块,且密生短而似圆锥体的小刺;胸部每节都有黑色毛片 12 个,腹部除末节外,每节有黑色毛片 6 个。

(4)蛹:纺锤形,长 17～21 mm。初期深绿色,后变为深红褐色。腹部第 5～7 节背、腹面前缘密生小刻点,排列呈圆形或半圆形,腹部末端有 2 根平行直伸的臀刺,着生在 2 个较接近的突起上。

(四)烟蚜

烟蚜[*Myzus persicae*(Sulzer)]又名桃蚜,俗名腻虫、蜜虫、油汗,属半翅目(原属同翅目),蚜科,是世界性害虫,我国各烟区均有分布。

(1)有翅胎生雌蚜:体长 1.7～2.1 mm,黄绿或红褐色。头部黑色,额瘤显著向内倾斜。触角 6 节,第 3 节有圆形感觉圈 10～13 个,排列似成 1 行,第 4 节无感觉圈,第 5、6 节各有 1 个感觉圈。胸部黑色,有光泽。腹部绿色、黄绿色、褐色或赤褐色,腹背中部有近方形的大黑斑,两端和两侧有成列黑斑。第 8 节背面有 1 对小突起。腹管细长,有瓦状纹,端部黑色,与中部稍缢缩,顶端平,端缘略外翻,基端稍膨大。尾片黑色,椭圆形,每侧有刺毛 3 根。

(2)无翅胎生雌蚜:体长 1.8～2.5 mm,体色浅淡,黄绿色或杏黄色。体表粗糙,有粒状结构,但背中域光滑,体侧表皮粗糙,有乳头状突起,颇为显著。头部色较深,复眼红色,额瘤显著,内缘圆稍内倾,中额瘤微隆。触角 6 节,略比体短,第 3 节有毛 16～22 根。喙深色,体达中足基节,有次生刚毛 2 对。腹管长筒形,端部黑色,中部稍膨,有瓦状纹,长为尾片的 2.3 倍。尾片黑褐色,圆锥形,近端 1/3 处略收缩,每侧有曲毛 3 根。足大部分为黑色。

(3)卵:椭圆形,长 0.44 mm,初产时为淡绿色,后变为黑色,有光泽。

(五)斜纹夜蛾

斜纹夜蛾[*Prodenia litura*(Fabricius)]属鳞翅目,夜蛾科,又称莲纹夜蛾,幼虫俗名夜盗虫。分布极广,为世界性害虫。我国各省均有发生,但在长江以南常年发生较重。

(1)成虫:体长 16～21 mm,翅展 36～42 mm,前翅灰褐色,有复杂的黑褐色斑纹,中室下方淡黄色,翅基部前半部有白线数条,内、外横线之间有灰白色宽带,自内横线前缘斜伸至外横线近内缘 1/3 处,灰白色宽带中有 2 条褐色线纹。后翅为白色,具紫色闪光。

(2)卵:扁圆形,直径 0.4～0.5 mm,初产时呈黄白色,后变为灰黄色,将孵化前呈暗灰色,数十至数百粒卵叠成 3～4 层而成一卵块,上覆黄褐色绒毛。

(3)幼虫:体长 30～40 mm,头部淡褐色至黑褐色,胸腹部颜色多变,虫口密度高时黑色,一般密度时土黄色、暗褐色至墨绿色。具黄色背线和亚背线,沿亚背线上缘每节两侧常备有一半月形黑斑,其中腹部第 1 节的黑斑大,近菱形,第 7、8 节的黑斑为新月形,也较大。气门线呈暗褐色。气门呈椭圆形,黑色。气门下线由污黄色或灰白色点组成。

(4)蛹:长 15～20 mm,圆筒形,赤褐色或暗褐色。腹部第 4 节背面前缘及第 5～7 节背、腹面前线密布圆形刻点。气门黑褐色,呈椭圆形。腔端有臀棘 1 对,短,尖端不成钩状。

(六)烟草潜叶蛾

烟草潜叶蛾[*Phthorimaea operculella*(Zeller)]属鳞翅目,麦蛾科,又名马铃薯麦蛾、马铃薯块茎蛾。该虫为国际和国内部分省检疫对象。

(1)成虫:雄蛾长 5.0～5.6 mm,雌蛾长 5.0～6.2 mm,翅展 14.2～15.8 mm。灰褐色,微带银灰色光泽。触角丝状黄褐色。头顶有发达的毛簇,复眼黑褐色。前翅狭长,黄褐色或灰褐色,杂有黑色;翅尖略向下弯,臀角钝圆;翅前缘及翅尖色较深,翅中部有 3～4 个黑褐色斑点。后翅菜刀形,灰褐色,前缘微向上拱,顶角突出。雌蛾臀区具黑褐色大条斑,静止时条翅上的条斑合并成长斑纹;后翅翅缰 3 根,前缘基部无毛束;腹部可见 7 节,腹末光细,有马蹄形短毛丛。雄蛾臀区无黑条,仅有 4 个不明显的黑褐色斑点,两翅合并时不成长斑纹;腹部可见 8 节,第 7 节前缘两侧背方向各长有 1 丛白色尖端向内弯曲的长毛;前翅缘毛长短不等,但排列整齐;后翅烟灰色,翅尖突出,前缘基部具有长毛 1 束,翅缰 1 根。

(2)卵:椭圆形,长约 0.5 mm,宽 0.4 mm,光滑。初产时呈乳白色,略透明,有白色光泽,中期呈淡黄色,孵化前呈黑褐色,有紫色光泽。

(3)幼虫:老龄幼虫体长 10～13 mm,背面呈粉红色或绿色。头部棕褐色,前胸背板及胸足黑褐色,臀板淡黄色,腹足趾钩双序环形约 26 个,臀足趾钩双序横带微弧形约 16 个。老龄雄性幼虫腹部第 5 节背面可透视一对睾丸,爬行时来回滑动。

(4)蛹:体长 5～7 mm,宽 1.2～2 mm,圆锥形。初期淡绿色,末期棕黄色。触角长达翅芽末端,在腹面中央相接,到末端又分开。臀棘短小而尖,向上弯曲,周围有刚毛 8 根。

(七)烟草蛀茎蛾

烟草蛀茎蛾[*Scrobipalpa heliopa*(Lower)]属磷翅目,麦蛾科,又名烟草麦蛾、烟草瘿蛾等,俗名烟钻心虫、烟茎食心虫、"大脖子虫"等。近年在一些烟区严重发生,应在防治工作上引起重视。

(1)成虫:体长 5～7 mm,翅展 13～14 mm,棕褐色略带银灰色光泽。触角丝状、灰色,约为体长的 2/3。前翅狭长披针形,棕褐色或黑褐色,无斑纹,翅尖稍向上翘,缘毛较长;后翅梯形菜刀状,灰褐色,较前翅宽大。雄蛾翅缰 1 根,较粗,雌蛾翅缰 3 根,较细。足的胫节以下黑白色相间。跗节 5 节,具 2 爪。

(2)卵:长椭圆形,长约 0.5 mm,宽约 0.3 mm,表面有粗糙皱纹。初产时乳白色微带青色,有光泽。孵化前转为灰黄色,中间黑色小点明显可见。

(3)幼虫:初龄幼虫多为灰绿色,后变为白色或淡黄色。老熟幼虫体长 10～12 mm,宽 1.5～2 mm。成龄幼虫多为乳白色,头部棕褐色,腹部体表多皱褶,胸部较肥大。前胸背板及胸足黑褐色,腹足趾钩单序环形,趾钩数 15～16 个;臀足趾钩单序横带式,趾钩数 8～9 个,臀板淡黄褐色,胸足黑褐色。

(4)蛹:纺锤形,棕色,长 6～8 mm,宽 1.5～2 mm。额唇基线明显,中央向前突出,圆形,下颚长约超过翅芽的一半;臀刺黑色,钩齿状,两侧着生尖端弯曲的刚毛。

五、思考题

(1)如何区分东方蝼蛄、华北蝼蛄和台湾蝼蛄?

(2)如何区分大地老虎、小地老虎、黄地老虎和白边地老虎?

(3)写出烟草主要害虫的形态特征及为害症状。

实训十一　病虫害的田间调查

一、实训目的

(1)掌握病虫害正确的调查方法。

(2)掌握植物病虫害的损失估计。

(3)掌握当地主要农作物病虫害的种类。

二、内容说明

植物病虫害调查包括病虫害种类、分布、为害情况及病虫害的发生、发展规律的调查。对于植物病虫害的调查,调查前应有充分的准备,调查后应对掌握的材料及时进行分析、研究。许多问题不是一次调查就能得出结论的。在调查工作中由于一些环节上的失误,往往会发生如下一些情况:没有或缺乏代表性,调查的地点选择不当,调查的结果不能反映当地的真实情况;由于调查准备工作不充分,无明确要收集的资料,造成部分资料缺失、不完全;发病程度,由于多人调查记载病害发生情况,标准不规范,造成记载不一致,不能根据各方面的资料准确进行损失估计。

三、主要仪器设备及用具

(1)实训材料:被调查作物。
(2)主要仪器及用具:笔记本、笔、尺子等。

四、操作步骤与方法

(一)植物病虫害调查的内容

病虫害调查一般分为普查和专题调查两类。普查只是了解病虫害的基本情况,如病虫种类、发生时间、为害程度、防治情况等。专题调查是有针对性的重点调查。在病虫的防治过程中,经常要进行以下内容的调查。

1. 发生和为害情况调查

普查一个地区在一定时间内的病虫种类、发生时间、发生数量及为害程度等。对于当地常发性和暴发性的重点病虫,则应详细记载害虫各虫态的始盛期、高峰期、盛末期和数量消长情况或病害由发病中心向全田扩展的增长趋势及严重程度等,为确定防治适期和防治对象提供依据。

2. 病虫或天敌发生规律的调查

专题调查某种病虫或天敌的寄主范围、发生世代、主要习性及不同农业生态条件下数量变化的情况,为制订防治措施等提供依据。

3. 越冬情况调查

专题调查病虫越冬场所、越冬基数、越冬虫态、病原越冬方式等,为制订防治措施和开展预测、预报提供依据。

4. 防治效果调查

防治效果调查包括防治前与防治后、防治区与不防治区的发生程度对比调查,病虫害次数的发生程度对比调查,以及不同防治时间、采取措施等,为选择有效防治措施提供依据。

(二)植物病虫害调查的取样方法

取样必须有代表性,这是正确反映田间病虫害发生情况的重要环节。取样的地段称为样点,样点的选择和取样数目是由病虫种类、田间分布类型等决定的。最常用的病虫害调查取样方法有五点取样、对角线取样、棋盘式取样、平行线取样、"Z"字形取样等。

(1)五点取样:从田块四角的两条对角线的交驻点,即田块正中央,以及交驻点到四个角的中间点这5个点取样。或者,在离田块四边4~10步远的各处,随机选择5个点取样。此法是应用最普遍的方法。

(2)对角线取样:调查取样点全部落在田块的对角线上,又可分为单对角线取样和双对角线取样两种方法。单对角线取样是在田块的某条对角线上,按一定的距离选定所需的全部样点。双对角线取样是在田块四角的两条对角线上均匀分配调查样点取样。两种方法可在一定程度上代替棋盘式取样法,但误差较大。

(3)棋盘式取样:将所调查的田块均匀地划成许多小区,形如棋盘方格,然后将调查取样点均匀分配在田块的一定区块上。这种取样方法,多用于分布均匀的病虫害调查,能获得较为可靠的调查结果。

(4)平行线取样:在桑园中每隔数行取一行进行调查。本法适用于分布不均匀的病虫害调查,调查结果的准确性较高。

(5)"Z"字形取样(蛇形取样):取样的样点分布于田边多,中间少,当田边发生多的迁移性害虫,在田边呈点片不均匀分布时,用此法为宜,如螨等害虫的调查。

不同的取样方法,适用于不同的病虫分布类型。一般来说,单对角线取样、五点取样适用于田间病虫分布均匀的情况,而双对角线取样、棋盘式取样、平行线取样适用于田间病虫分布不均匀的情况,"Z"字形取样则适用于田边病虫分布比较多的情况。

(三)植物病虫害调查的记载方法

病虫害调查记载是调查中的一项重要工作,无论哪种内容的调查都应有记载。所有的记载应妥善保存。当地病虫害发生档案作为历年病虫害发生的历史记录,对本地区病虫害预测、预报有重要作用。记载是摸清情况、分析问题和总结经验的依据。记载要准确、简要、具体,一般采用表格形式。表格的内容、项目可依据调查目的和调查对象设计。对测报等调查,最好按统一规定,以便积累资料和分析比较。通常在进行群众性的测报调查时,首先进行病虫发生情况的调查:① 调查病虫为害植物的发生期,以确定防治时间;② 调查病虫田间的发生数量,以确定防治对象田,即"两查两定"。

例如,防治玉米螟要进行:① 查卵块,定防治田块。卵块多的田块要防治。② 查卵色和孵化程度,定防治适期。当卵粒出现黑点和孵化卵块占一半左右时,定为防治适期。"两查两定"调查记载如表3-5所示。

表3-5　　　　　　　　　　玉米螟产卵及孵化情况调查记载表

调查日期	田块类型	作物生育期	调查株数/株	卵块数/块	百株平均卵块数/块	已孵和将孵卵块数/块	已孵和将孵卵块百分率/%	备注
						已孵有黑点合计/块		

(四)植物病虫害调查统计

对调查记载的数据资料要进行整理、计算、比较、分析,从中找出规律,才能说明问题。

(1)被害率:反映病虫为害的普遍程度。

$$被害率 = \frac{有虫(发病)单位数}{调查单位总数} \times 100\%$$

(2)虫口密度:单位面积内的虫口数量。

$$虫口密度(虫数/m^2) = \frac{调查总虫数}{调查总面积}$$

$$百株虫数 = \frac{调查所得总虫数}{调查总株数} \times 100$$

(3)病情指数:对取样点的每个样本,按病情严重度分级标准,调查出各级样本数据,代入公式计算出病情指数。

$$病情指数 = \frac{\sum(各级病情级数 \times 各级样本数)}{最高病情级数 \times 调查总样本数} \times 100\%$$

$$病情指数 = \frac{\sum(各级病株数 \times 各级代表数值)}{调查总样本数 \times 最高级代表数值} \times 100\%$$

(4)损失率:损失产量或经济效益的减少。病虫所造成的损失应该以生产水平相同的受害田与未受害田的产量或经济总产值对比来计算,也可用防治区和不防治的对照区产量或经济总产值对比来计算。

$$损失率 = \frac{未受害田平均产量或产值 - 受害田平均产量或产值}{未受害田平均产量或产值} \times 100\%$$

五、思考题

(1)完成黏虫虫害发生情况调查记载表(表 3-6)。

表 3-6　　　　　　　　　　　黏虫幼虫发生情况调查记载表

作物种类	调查日期	取样数/(m² 或株数)	幼虫数/(条/m²)							2~3 龄幼虫百分率/%	备注
			1 龄	2 龄	3 龄	4 龄	5 龄	6 龄	合计		

(2)完成水稻稻瘟病的调查记载表(表 3-7)。

表 3-7　　　　　　　　　　　稻瘟病发生情况调查记载表

调查日期	品种	生育期	调查总叶数/片	发病叶数/片	严重度					病叶率/%	病情指数/%	备注
					0	1	2	3	4			

实训十二　病虫害的预测、预报

一、实训目的

(1)掌握正确的病虫害预测、预报方法。

(2)掌握主要病虫害的测报技术。

二、内容说明

病虫害的预测、预报就是根据病虫害的发生、发展规律,通过调查,结合物候期、气象资料等进行综合分析,向有关部门和植保人员通报疫情,科学地指导病虫害防治,使病虫害防治有目的、有计划、有主次地进行,经济、安全、有效地保证作物生长发育。

三、主要仪器设备与用具

(1)主要仪器及用具:诱蛾器、黑光灯、毒瓶、集虫箱、塑料布、1 m 长的小竹竿、小谷草把、气象资料、病虫害历年发生情况资料。

(2)药品试剂:酒、水、糖、醋、杀虫剂。

四、操作步骤与方法

(一)病虫害预测的种类

(1)按预测的内容分为发生时期预测、发生数量预测、发生趋势预测、产量损失预测等。

(2)按预测的期限分为短期预测、中期预测、长期预测等。

(3)按病虫害发生程度分为小发生预测、中等偏轻发生预测、中等发生预测、中等偏重发生预测、大发生预测。

(4)按特殊要求分为品种抗病(虫)性预测、小种变化动态预测、病虫害种群演变预测等。

(5)按预测的形式和方法分为定性预测、分级预测、数值预测、概率预测等。

(二)病虫害预报的种类

(1)预报。根据调查统计结果,结合历史资料和天气预报,对该病虫的发生量、发生期和为害程度进行预测,将预测结果公开,称为预报。距离防治适期 10 d 以内的预报为短期预报,距离防治适期 11～30 d 的预报为中期预报,距离防治适期 1 个月以上的预报为长期预报。

(2)警报。预计某种病虫害的发生将造成严重危害、将要新发生或突发,需要人们特别警惕抓紧防治的预报,称为警报。

(3)预报技术服务情报。预报技术服务情报是指为植保专业公司等服务的病虫情报,提供某一阶段或某一作物上发生的一种或几种病虫的预报,并提供防治技术措施。

（4）病虫情况的预报。其分为小发生、中等偏轻、中等发生、中等偏重和大发生五种。如果预报发出后，病虫情况发生了变化，还要发补充预报。

（三）病虫害的主要预测方法

（1）病圃预测法。在作物田中，专门选一块地，针对本地区发生的主要病虫害，选一些感病品种，种植观察感病品种的病虫害发生、发展情况，提前掌握病虫害发生的时间和条件，以此估计病情发展的趋势。

（2）气象指标预测法。根据温度、湿度等气象指标变化情况，进行病虫害发生、发展趋势的预测。

（3）孢子捕捉预测方法。采用空中捕捉孢子的方法预测真菌性病害的发生、发展动态。

（四）害虫的主要预测方法

（1）历期预测法。历期预测法用于预测害虫的发生期。历期是指各虫态、虫龄在一定温度条件下，完成其发育进度所需要的天数。历期预测是根据害虫在田间发育进度的检查结果，加上当时温度条件下的虫态历期，推算下一虫态、虫龄或以后几个虫态、虫龄的发生期。例如，水稻二代三化螟化蛹进度，7 月 19 日化蛹率达 19％（始盛期），7 月 24 日化蛹率达 50.4％（高峰期），7 月 28 日化蛹率达 80％（盛末期），分别加上当地常年二代三化螟蛹的历期约 6 d，便可推算出二代三化螟成虫始盛期是 7 月 25 日，蛾高峰期是 7 月 30 日，蛾盛末期是 8 月 3 日。在求得发蛾期后再加上螟蛾产卵前期和第三代卵的历期，就可推算第三代产卵和孵化始盛期、高峰期及盛末期。

（2）有效积温法。昆虫完成一定的发育阶段（世代或虫期等），所需要的天数与同期内有效温度的乘积是一个常数，这一常数称为有效积温。当知道了某害虫的某一虫态或全世代的发育起点温度和有效积温后，便可根据田间调查所获得的资料，结合天气预报，并参考历史资料，利用有效积温公式 $K = N(T-C)$ 进行发生期预测。

（3）物候预测法。害虫的某一发育阶段常常与其寄主植物的一定生长阶段，或与周围其他植物的某一生育阶段同时出现，以寄主植物或其周围植物的生育期作为预测害虫发育期的物候指标。

（4）灯光诱集法。利用昆虫的趋光性，应用白炽灯或黑光灯等诱集害虫。灯光对多种蛾类、金龟甲、蝼蛄等有很强的诱集力，以黑光灯诱集效果最好。

（5）糖醋液诱集法。利用害虫的趋化性，诱集越冬代黏虫、小地老虎、甘蓝夜蛾等成虫，根据诱集的数量，再结合当地的气候条件预测该害虫的发生期和发生量。

（6）田间调查预测法。它是种植业生产经营者预测害虫发生期、发生量最常用的一种方法。通过查害虫发育进度、查卵、查虫口密度等，为开展田间防治提供依据。以黏虫的测报方法和稻瘟病的测报为例进行说明。

① 黏虫的测报。

a. 诱测成虫。

（a）选有代表性的小麦田或谷子田，设置诱蛾器。

（b）按配方比例为酒：水：糖：醋＝1：2：3：4，并加入少量敌百虫，配好后放入诱蛾器中,诱蛾器底部应比地面高 1 m 左右。

(c)诱蛾器间距为 500 m。

(d)设置时间为历年发蛾始期前 5～10 d,至发蛾期终止。一般为 5 月 20 日至 6 月 20 日。

(e)每日黄昏前,将诱剂皿盖打开,搅拌诱剂至均匀。罩好筒罩,诱剂不足时要及时添加(一般 3 d 加半量,5 d 换一次)。次日清晨分别统计雌、雄成虫数。将诱集成虫的结果记入黏虫成虫诱集观测记载表(表 3-8)中。

表 3-8 黏虫成虫诱集观测记载表

调查日期	调查地点	第一台诱蛾器内诱蛾量/头			第二台诱蛾器内诱蛾量/头			气温/℃		降雨量/mm	相对湿度/%	备注
		雌成虫	雄成虫	合计	雌成虫	雄成虫	合计	最高	最低			

将诱蛾量与历史资料进行对比,参考未来天气预报资料和作物生长情况,预测可能发生量。不同地区制订的防治指标不同。例如,西南地区的防治指标是:5 月下旬后每台诱蛾器连续3 d 累计诱蛾量达百头以上,气候适宜、雌蛾量多、抱卵量大,即有发生的可能,连续 3 d 累计 300 头以上就有大发生的可能。四川省的防治指标是:一台诱蛾器日诱蛾量达 70～200 头,第二代黏虫可能大发生。四川省的经验指标是:5d 诱蛾 300～500 头,100 个草把累计诱卵 200～400 块为中发生;而诱蛾超过 500 头,卵超过 400 块则为大发生。并可根据成虫的发蛾始期、盛期、末期,指导田间查卵、查幼虫。

b. 查卵。

(a)当诱蛾量连续增加时(四川省一般为 6 月 1—16 日),选具有代表性的麦田 1～2 块(每块地面积不少于 0.3 hm²)。每块地在麦行间棋盘式插 10 个小谷草把。草把顶高出麦株 15 cm 左右,每 3 d 检查并更换草把一次,剥开干叶和叶鞘查卵块数,并抽查 10 块卵粒数,将调查结果记入表(表 3-9)中。

表 3-9 黏虫卵的观测记录表

调查日期	单位取样/m	卵块数/块		合计卵粒数/粒	10 m 行长卵粒数/粒	卵的发生期	备注
		麦田(1)	麦田(2)				

(b)西南地区第二代卵产在小麦上,平均 10 m 行长有卵 3～5 块,幼虫就有发生为害的可能。可根据产卵盛期的当地天气预报、卵和 1～2 龄幼虫历期,推算 3 龄幼虫盛期,做好准备,及时防治。

c.查幼虫。

（a）在查卵的基础上，选有代表性的主要被害作物田2～3块，定期调查，初期每3 d查一次，盛期隔天调查一次。

（b）幼虫进入2～3龄盛期时，进行所有田块的普查，以确定防治地块。

（c）查幼虫的方法是先取样（与查卵相同），调查时先在行间铺一塑料薄膜，再用1 m长小杆2根，同时将两行麦苗向行间压弯拍打3～5次，振落幼虫，先查薄膜上的幼虫，再查落到地面上的幼虫，并将调查结果记入表（表3-10）中。当小麦有低龄幼虫5～10头/m² 时，应立即防治。

表3-10　　　　　　　　　　　　黏虫幼虫发生情况调查记载表

作物种类	调查日期	取样数/（m²或株数）	幼虫数（条/m²）							2～3龄幼虫百分率/%	备注
			1龄	2龄	3龄	4龄	5龄	6龄	合计		

d.注意事项。诱蛾器设置地点应选择离村庄较远，附近没有障碍物的代表性麦田，也不要靠近果园、葱地、酒坊等，以免影响诱蛾的准确性。查幼虫时应根据低龄幼虫取食习性，在每日8：00以前，15：00以后进行检查。

e.常用的统计方法。

被害率：反映病虫发生或为害的普遍程度。

$$被害率=\frac{有虫（或发病）样本数}{调查样本总数}\times100\%$$

虫口密度：一个计量单位内的虫口数量，常用百株虫数或虫口密度（虫数/m²）表示。

$$虫口密度=\frac{调查总虫数}{调查总面积}$$

$$百株虫数=\frac{调查所得总虫数}{调查总株数}\times100$$

② 稻瘟病的测报。

a.发病始期调查。参照当地历年发病始期资料和当地稻种带菌情况，当日平均气温上升到20 ℃左右开始调查。先检查施肥水平高、生长茂密、叶色浓绿的感病品种田。当发现病株和发病中心时，开展普查。

b.大田病情指数的调查。选具有代表性的稻田2～3块，定期定点进行发病率及严重度调查。稻瘟病分级标准见表3-11。叶瘟病情要在分蘖、拔节和孕穗期各调查一次，按五点取样，每点固定4穴，计算其病叶率、严重度，并记载急性型病斑出现的情况，将调查计算结果记入表3-12中。穗颈瘟和节瘟病情在齐穗、乳熟及蜡熟期各调查一次，固定5个点，每点40个穗，分别记载穗颈和穗节上的发病率及病情指数，并将调查计算结果记入表3-12中。

表 3-11 稻瘟病分级标准

级别	叶瘟
0	无病
1	叶片病斑少而小
2	叶片病斑小而多或大而少
3	叶片病斑大而多
4	全叶病枯

注:"少"是指叶片病斑少于 5 个,"多"是指叶片病斑多于 5 个。"小"是指叶片病斑小于 1 cm,"大"是指叶片病斑大于 1 cm。

表 3-12 叶稻瘟病发生情况调查记载表

调查日期	品种	生育期	调查总叶数/片	发病叶数/片	严重度					病叶率/%	病情指数/%	备注
					0	1	2	3	4			

在植株局部被害的情况下,各受害单位的受害程度是不同的。可按被害的严重程度分级,以病情指数表示。

当田间发现病株中心时,如果天气预报出现连续阴雨天,在生长嫩绿的感病品种田,一般 7~9 d 后将普遍发病,10~14 d 后病情将加剧。如在水稻分蘖阶段,急性型病斑陆续出现,且逐日剧增,则预示着 3~5 d 内叶瘟将会大发生。孕穗期稻株剑叶上的急性型病斑急剧增加,如果抽穗期天气预报低温阴雨日数较多,则穗颈瘟可能严重发生,应及时组织防治。

c.注意事项。调查时间要恰当,病害识别要准确。

五、思考题

编写病虫情预报结构及内容。

实训十三　田间药效试验技术

一、实训目的

(1)掌握田间药效试验方案的制订。
(2)掌握田间药效试验技术。

二、内容说明

田间药效试验是在田间进行的农药对有害生物施药效果的试验,这是确定新的农药品种能否在农业生产上大面积推广应用的十分重要的方法。该方法是在自然条件下研究比较几种不同的农药,采用几种不同的即时条件和要求,从中鉴定出最有效、最有经济效益的农药品种,同时确定其大田使用范围、防治对象、最低有效使用剂量、浓度及其他技术条件等。

三、主要仪器设备及用具

(1)实训材料:防治作物。

(2)主要仪器及用具:喷雾器、水桶、1000 mL 烧杯、量筒、卷尺、天平等。

(3)药品试剂:各种农药。

四、操作步骤与方法

(一)试验地的选择

田间药效试验是在自然条件下,研究农药在应用时产生的各种效应,在生产上更具有实际意义,但为了避免影响产量或造成损失,这种试验面积不宜过大,最好由小逐步扩大,选择有代表性的试验地是使土壤差异减小至最小限度的一个重要措施,对提高试验准确度有很大作用。

(1)试验地的地势应平坦,肥力水平均匀、一致。

(2)试验地要选择作物生长整齐、生长势一致,防治对象常年发生较重且为害程度比较均匀,每小区的害虫虫口密度和病害的发病情况大致相同的田块。特别是杀菌剂试验,要选择高度感染供试对象病害的品种进行试验。

(3)试验地的田间管理水平相对一致,并符合当地的实际情况。

(4)试验地应选择离房屋、道路、水塘稍远的开阔农田,以保证人、畜安全和免受外来因素的偶然影响。

(5)试验地周围最好种植相同的作物,以免试验地孤立而易遭受其他因素为害。

(二)田间药效试验的设计原则

田间药效试验的设计应掌握基本原则,根据不同的试验目的、不同的药剂、不同的作物及病虫害具体设计。

(1)采用随机排列的小区设计。

田间小区的各种条件存在着差异,故药效试验中小区应采取随机排列。"随机"不是"随意",其意义是指各个抽样单位被选择的机会均等,各种处理所着落的小区由机会来决定。从理论上来说,当影响因素已被控制于纯属偶然时,用随机排列是最合理的,它能确切反映客观实际,比顺序排列精确度高。通常采用的有对比排列设计、随机排列设计、拉丁方设计及裂区设计等。

(2)运用局部控制。

为了克服重复之间的差异,试验可运用局部控制。例如用四种药剂、重复三次进行试验。如果小区间距离较远,为害分布很不均匀,作物长势、土壤肥力等不尽相同,即可将试验地划分成三大区,每一大区包含这四种药剂处理,且每一种药剂在每大区内只出现一次,这就是局部控制。这样可使各种药剂的重复在不同环境中的机会均等,从而减少试验的误差。

(3)必须多设重复。

因田间的试验条件复杂,选择试验地区及设计小区时虽然尽量控制,但差异仍是不可避免的。而且小区越小,越容易产生误差。而重复次数越多,试验结果越可靠。所以重复是减少试验误差的重要措施之一。多设重复可以提高准确性及代表性。

(4)必须设立对照区及保护行。

这也是药效试验不可缺少的条件,对照区有两种:一是以不施药的空白作对照区;二是以标准药剂(即防治某种病虫草害有效的药剂)作对照区。前者有可能给生产造成一定损失,一般可缩小面积,但这种对照区很重要,尤其当病虫草害发生较轻时,为了判断虫口密度的减少原因,究竟是药效还是自然虫口本来低,还是其他,此时空白对照是很必要的。在条件许可时,两种对照都设立,则结果更为科学和可靠。同时在试验区四周及小区之间还应设保护区或保护行,以避免外来因素的影响。水田试验小区,若施药于水中,则应修筑小田埂,以防止由于灌溉水的影响,各药剂之间混溶。

(三)田间药效试验设计小区的排列方法

根据以上设计原则,药效试验小区的排列有以下四种方法。

1. 对比排列设计

每隔两个试验处理小区,设一个对照区。在此法中,每个对照区两旁各有一个试验处理区,这三个小区构成一个组。当试验处理数目较少,而土壤差异大时,这种方法最适宜。其缺点是对照小区多,分析结果时不宜应用统计分析,且当试验处理的数目多时受到限制。

2. 随机排列设计

将试验地分成几个大区组,对照区加入试验处理的项目中,一起进行随机排列,不同大区即为重复。每一大区试验处理数目相同,在同一重复内每一处理只能出现一次。此法简便,应用广泛,并能运用统计方法分析各种处理间的差异与误差。

3. 拉丁方设计

拉丁方设计是随机区组设计的一种特殊形式,试验处理数目与重复次数相等。随机排列设计有一个方向的限制,一个重复内必须包含所有处理,但又不能有两个相同的处理,而拉丁方设计的两个方向(横行与直行)均受上述限制,故可互为重复(又称双重局部控制)。这种特殊形式对减少土壤差异特别有效。相同的小区可排在同一对角线上,试验精确度高,缺点是适用范围小,对地形要求比较严格,排列伸缩性小。

4. 裂区设计

裂区设计是一种多因子试验设计,在两处试验因子的重要性不等的情况下,可采用裂区设计。一般把随机排列设计或拉丁方设计的试验区作为主区,再把主区分裂成若干小区而引入另一种处理,称为副区。将次要因子放在主区内,将主要因子放在副区内,副区面积虽小,但因靠得近而重复次数大大增加,因此,试验的精确度就提高了。

总之,在田间小区药效试验的设计中,既要掌握原则,又要根据试验目的要求和试验地的实际情况来考虑,绝不要盲目追求复杂的设计方法,而应力求简便、准确,代表性强,应以能客观地反映实际情况和有效地减少试验误差为根本原则。

(四)小区面积与形状

小区面积和形状对于减少土壤差异的影响和提高试验的精确度是相当重要的。小区面积应根据土壤条件、作物种类、病虫草害的生物学特性和试验目的而定。一般要求:

(1)差异较大的田块,小区面积宜大一些。

(2)凡植株高大、株行距较大的作物,单位面积上株数较少的作物,种植密度小的作物小区面积可大些,反之可小些。

(3)活动性强的害虫,小区面积宜大些;活动性较差的如蚜虫等,小区面积可小些。

(4)测产的试验,小区面积宜大些,否则可小些。

(5)田间药效试验的小区面积一般为 $15\sim50$ m^2,果树每小区不少于 3 株。产量试验的小区面积至少为 25 m^2。

小区的形状一般以长方形尤其是狭长形为好,采用狭长小区能较全面地包括不同肥力的土壤,相应地减少小区间的土壤差异,提高精确度,其试验误差比方形小区小。小区的长宽比可依试验地形状与面积、土壤肥力梯度、栽培方式、株行距、小区的多少和大小等决定。当已知试验地的土壤肥力梯度时,小区的方向须使长的一边与肥力变化最大的方向平行,以提高精确度。一般长宽比为 $3\sim10$。但小区的宽度应考虑到喷雾器喷施的幅度范围。

(五)施药时间

施药适期掌握不好会使试验前功尽弃,施药时间的不同也会影响试验的准确度。试验田的施药时间应根据不同的防治对象、种群密度消长情况和为害特性以及作物和杂草的生育期、药剂的性能等来准确掌握。如杀虫剂试验中,对一些食叶性害虫,可以在害虫种群密度较明显上升,尚未造成较大危害之前开始喷药。对钻蛀性害虫或为害隐蔽的害虫,应在害虫种群密度开始上升和为害形成之前喷药,也可用卵量消长作为指示,卵密度大时可以从卵盛期开始施药,卵密度小时可在卵峰期或幼虫初孵期施药。

病害防治一般以预防为主,应考虑作物的发病程度、作物的感病期、常年的发生时间及气候条件(主要为雨量和湿度)等来确定施药适期,一般在发病初期施药为宜。

杂草的防除适期主要取决于施药的方法、杂草的生育期和药剂的性能。

(六)施药方法

施药方法不当、施药不均也会影响试验的准确度。农药的使用效果不仅取决于药剂的分散度,也取决于施药方法。农药的田间使用方法以喷雾法、喷粉法、颗粒撒施法等应用最广泛。此外,还有土壤处理、拌种、浸种、浇灌、包扎、涂抹、注射、点滴、熏蒸、烟雾,以及近年来发展的结合地膜覆盖的除草剂使用方法。

(七)施药设备

施药设备也关系到试验结果的准确度。在试验前要认真检查施药设备是否完好无损、性能良好、不漏水、无堵塞等;试验前要认真清洗施药设备;喷雾器的喷头和喷片孔径是否适合,喷头的型号、孔径要记载;配制药液和称量用的吸管、量杯、天平等要用标准品,称量要准确,使用前要做适当测定。

(八)调查方法

药效试验的调查是农药试验中的一个重要环节。其取样方法和取样数量是影响试验结果的重要因子。限于人力和时间,不可能对试验区的供试对象进行逐一调查,也很难全部调查。因此,只能通过抽取有代表性的样点对总体进行评估。由于各种病、虫、草、鼠和生物学特性不同、被害作物在田间的分布也不同,在取样调查时,必须明确调查对象、项目和内容,根据调查对象在田间的空间分布型,采用适当的取样方法和足够的样本数,使调查得到的数据更能反映出客观、真实的情况。在进行田间药效试验时,田间调查采用哪种取样方法,应根据该种病虫及其被害作物在田间的空间分布型来确定。

(九)农药田间药效表示方法

药效的表示方法与毒力不同。一般要根据防治的对象、作物和种类而定。杀虫剂通常用害虫死亡率、虫口减退率、植株(或果实、蕾、铃等)被害率、保苗(穗)率等表示药效,杀菌剂通常用发病率(或称普遍率)、病情指数、产量增产率等表示药效,除草剂通常用防除效果、产量增产率等表示药效。

(1)杀虫剂田间药效要根据防治对象及害虫的生活习性而定,一般以施药前后调查的虫口密度或植株被害程度的增减百分率计算效果。如果虫口密度较稳定,自然死亡率较低,则说明药效迅速。可根据施药前后调查虫口数量的变化计算害虫死亡率(或虫口减退率),这样可以基本上反映供试药剂的效果。

$$害虫死亡率(或虫口减退率)=\frac{施药前活虫数-施药后活虫数}{施药前活虫数}\times100\%$$

如果害虫自然死亡较高,药效期内虫口变化较大,用上式计算则不能真正反映药剂的效果,应该在试验时设不施药对照区,从而计算校正死亡(或虫口减退)率。

$$校正死亡率(或虫口减退率)=\frac{施药区虫口减退率-对照区虫口减退率}{1-对照区虫口减退率}\times100\%$$

另一类害虫如蚜、螨之类,繁殖很快,在药剂防治后短期内仍在繁殖,故对照区虫数常在防治后比防治前增加,其防治效果可按下式计算。

$$防治效果=\frac{P_1\pm P_{CK}}{100\pm P_{CK}}\times100\%$$

式中　P_1——防治前后处理区的活虫差数,%;

P_{CK}——防治前后对照区种群增加或减少的比例,%;

±——当对照区种群增加时用"+",减少时用"-"。

此外,对于地下害虫及钻蛀性害虫,由于不易观察害虫死亡情况,一般以被害情况来表示防治效果。

$$防治效果=\left(1-\frac{施药区被害率}{对照区被害率}\right)\times100\%$$

$$虫株减退率=\left(1-\frac{对照区施药前后增加的被害率}{对照区施药后增加的被害率}\right)\times100\%$$

虫株减退率是在施药前已有被害株的情况下应用的。

(2)杀菌剂的药效仍以不同病害种类及为害性质而定。一般以施药前后的发病率和发病的严重程度计算防治效果。

$$发病率=\frac{病株(或苗、叶、秆、穗)数}{检查总株(或苗、叶、秆、穗)数}\times100\%$$

如果是全株被害,利用发病率计算可以基本反映药效,但叶斑病类是植株局部受害,不同植株的病害轻重不同,应根据不同的病害划分成不同病级进行检查,计算施药区与对照区的病情指数。

计算出病情指数后,进一步就可以算出防治效果。

$$相对防治效果=\frac{对照区病情指数-处理区病情指数}{对照区病情指数}\times100\%$$

对于发病轻、扩展慢、病程长的,可以用相对防治效果(防治效果)来表示药效。对于发病重、扩展快、病程短的,或需考查内吸治疗效果的,则以实际防治效果来表示药效。

$$实际防治效果=\left(1-\frac{处理区病情指数增长值}{对照区病情指数增长值}\right)\times100\%$$

$$病情指数增长值=施药后病情指数-施药前病情指数$$

(3)除草剂在处理区和对照区按五点取样,每点 1 m^2,在样点内检查杂草种类株数,分点记载,或称出鲜重,则可求出平均值,计算防除效果。

$$防除效果=\frac{对照区杂草数量(鲜重)-处理区杂草数量(鲜重)}{对照区杂草数量(鲜重)}\times100\%$$

$$选择性指数=\frac{杂草生长抑制(或死亡)90\%的剂量}{作物生长抑制(或死亡)10\%的剂量}\times100\%$$

如果要研究除草剂对作物的影响,还要观察记载作物在不同发育阶段的株高、叶片数、分蘖、根长、开花结实的时间和千粒重等项目,然后按常规方法算出处理区和对照区的产量,最后计算出增产率。

$$增产率=\frac{处理区产量-对照区产量}{对照区产量}\times100\%$$

五、思考题

(1)农药主要施用方法有哪些？各有些什么特点？

(2)怎样才能做到科学、合理地使用农药？

实训十四 石硫合剂的熬制及质量检查

一、实训目的

(1)掌握石硫合剂熬制的方法。

(2)掌握石硫合剂质量检查的方法。

二、内容说明

石硫合剂是石灰硫黄合剂的简称,是由生石灰、硫黄加水熬制而成的一种黄褐色或赤褐色透明液体,具有臭鸡蛋气味,呈强碱性,遇酸易分解,其取材方便、价格低廉、效果好,对烟草的多种病害有兼治作用,如对白粉病和炭疽病等都很有效。石硫合剂原液中所含的成分,主要是多硫化钙($CaS \cdot S_x$)和硫代硫酸钙(CaS_2O_3),含多硫化钙的量越多,质量越好。生石灰、硫黄和水在煮制过程中,发生的化学反应如下。

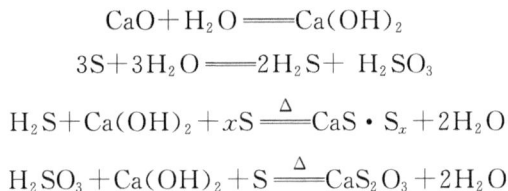

$$CaO + H_2O \Longrightarrow Ca(OH)_2$$

$$3S + 3H_2O \Longrightarrow 2H_2S + H_2SO_3$$

$$H_2S + Ca(OH)_2 + xS \xrightarrow{\Delta} CaS \cdot S_x + 2H_2O$$

$$H_2SO_3 + Ca(OH)_2 + S \xrightarrow{\Delta} CaS_2O_3 + 2H_2O$$

三、主要仪器设备及用具

(1)主要仪器及用具:量筒(1000 mL)、波美比重计、烧杯、搅拌棒、电子天平、钟表、铁锅、电炉、水桶等。

(2)药品试剂:生石灰、硫黄等。

四、操作步骤与方法

(一)石硫合剂的熬制

1.原料的选择

(1)生石灰选择色白、块状、未经风化的生石灰最好。

(2)硫黄以硫黄粉为最好,如果是块状硫黄,经磨细后,其粉粒细度要求通过 40 目筛。

2.配方(按质量计)

生石灰∶硫黄粉∶水＝1∶2∶10。

3.制法

(1)将称好的 1 kg 生石灰放入铁锅里,先注入少量热水(注意不可一次用水过多),使生石灰发热消解,待生石灰全部消解后,再加入少量的水,调成糊状的石灰乳,记录所用的水量。

(2)将称好的 2 kg 硫黄粉慢慢加入石灰乳中,并搅拌均匀。

(3)加入水,使前后两次加入的总水量为 10 kg。用搅拌棒插入铁锅的中央,做一标记,记下水位线,然后用电炉熬煮。

(4)熬煮到沸腾状态。在熬煮过程中,应稍加搅拌,并随时用热水补充蒸发掉的水分(在结束熬煮前 15 min,停止加水)。从沸腾开始计算时间,经过 50～60 min,药液由浅黄色变为黄褐色、赤褐色。当药渣呈草绿色时,表示石硫合剂已经煮成,停止加热(如果再继续加热熬制,药液转变成绿褐色,药渣呈绿色,药液中多硫化钙的含量反而降低)。

(5)静置后上层的澄清液即为石硫合剂的原液。

(二)成品质量的检测

1.浓度的测定

待石硫合剂原液冷却后,将其倒入 1000 mL 量筒中,插入波美比重计测量其浓度。自行熬煮的石硫合剂原液,一般为 25°Be 左右。

2.稀释方法

石硫合剂的原液稀释可以查表(见表 3-13、表 3-14,知道原液波美度后可按质量稀释和体积稀释两种方法)进行,没有稀释表可用以下公式计算。

质量稀释公式:

$$x = \frac{B_1}{B - B_1} \cdot x_1$$

体积稀释公式:

$$x = \frac{B_1(145 - B)}{B(145 - B_1)} \cdot x_1$$

式中 B——石硫合剂原液浓度;

B_1——需要稀释液的波美浓度;

x_1——稀释液的需要量;

x——需要 x_1 量的稀释液时需原液的量。

表 3-13　　　　　　　　石硫合剂质量倍数稀释表

原液浓度/°Be	需要浓度/°Be								
	0.1	0.2	0.3	0.4	0.5	1	3	4	5
	质量稀释倍数								
15.0	149.0	74.0	49.0	36.5	29.0	14.0	4.00	2.75	2.00
16.0	159.0	79.0	52.3	39.0	31.0	15.0	4.33	3.00	2.20
17.0	169.0	84.0	55.6	41.5	33.0	16.0	4.66	3.25	2.40

续表

原液浓度/°Be	需要浓度/°Be								
	0.1	0.2	0.3	0.4	0.5	1	3	4	5
	质量稀释倍数								
18.0	179.0	89.0	59.0	44.0	35.0	17.0	5.00	3.50	2.60
19.0	189.0	94.0	62.3	46.5	37.0	18.0	5.33	3.75	2.80
20.0	199.0	99.0	65.6	49.0	39.0	19.0	5.66	4.00	3.00
21.0	209.0	104.0	69.0	51.0	41.0	20.0	6.00	4.25	3.20
22.0	219.0	109.0	72.3	54.0	43.0	21.0	6.33	4.50	3.40
23.0	229.0	114.0	75.6	56.5	45.0	22.0	6.66	4.75	3.60
24.0	239.0	119.0	79.0	59.0	47.0	23.0	7.00	5.00	3.80
25.0	249.0	124.0	82.3	61.5	49.0	24.0	7.33	5.25	4.00
26.0	259.0	129.0	85.6	64.0	51.0	25.0	7.66	5.50	4.20
27.0	269.0	134.0	89.0	65.5	53.0	26.0	8.00	5.75	4.40
28.0	279.0	139.9	92.3	69.0	55.0	27.0	8.33	6.00	4.60
29.0	289.0	144.0	95.6	71.5	57.0	28.0	8.66	6.25	4.80
30.0	299.0	149.0	99.0	74.0	59.0	29.0	9.00	6.50	5.00

表 3-14   石硫合剂体积倍数稀释表

原液浓度/°Be	需要浓度/°Be								
	0.1	0.2	0.3	0.4	0.5	1	3	4	5
	体积稀释倍数								
15.0	166.2	82.5	54.7	40.7	32.4	15.6	4.46	3.07	2.23
16.0	178.7	88.8	58.8	43.8	34.8	16.9	4.87	3.37	2.47
17.0	191.4	95.2	63.1	47.0	37.4	18.1	5.29	3.68	2.72
18.0	204.4	101.6	67.4	50.2	40.0	19.4	5.71	4.00	2.97
19.0	217.5	108.2	71.7	53.5	42.6	20.7	6.14	4.32	3.22
20.0	230.8	114.8	76.2	56.8	45.2	22.0	6.57	4.64	3.48
21.0	244.4	121.6	80.7	60.2	47.9	23.4	7.02	4.97	3.74
22.0	258.2	128.5	85.3	63.7	50.7	24.8	7.47	5.30	4.01
23.0	272.2	135.5	89.9	67.2	53.5	26.2	7.92	5.65	4.28
24.0	286.4	142.6	96.8	70.7	56.3	27.6	8.39	5.99	4.55

续表

原液浓度/ °Be	需要浓度/°Be								
	0.1	0.2	0.3	0.4	0.5	1	3	4	5
	体积稀释倍数								
25.0	300.9	149.8	99.5	74.3	59.2	29.0	8.86	6.34	4.83
26.0	315.6	157.2	104.4	78.0	62.1	30.5	9.34	6.70	5.12
27.0	330.6	164.7	109.4	81.7	65.1	32.0	9.83	7.07	5.41
28.0	345.8	172.3	114.4	85.5	68.2	33.5	10.33	7.44	5.70
29.0	361.3	180.0	119.6	89.4	71.3	35.0	10.86	7.81	6.00
30.0	377.0	187.9	124.8	93.3	74.4	36.6	11.35	8.20	6.30

五、注意事项

(1)生石灰应选用新鲜、色白、块状的,硫黄粉越细越好。

(2)熬煮时不宜过多地剧烈搅拌,以免把空气带入原液里,使生成的多硫化钙氧化而导致质量降低。

(3)熬煮时间要适当,时间不足或过长,都会影响石硫合剂的质量。熬煮时间应以药液及药渣的颜色来确定。

(4)石硫合剂原液可贮存于密闭的陶瓷容器中。如果存放于大缸中,在原液上面应倒入一层煤油或废柴油,以隔离空气,防止分解。

(5)石硫合剂有腐蚀性,沾染皮肤、眼睛时,必须用清水洗净。

六、思考题

(1)要获得高质量的石硫合剂原液,需要注意哪些问题?

(2)在少量自来水中滴2~3滴石硫合剂溶液,观察溶液是否变混浊。

(3)取原液5 mL,加蒸馏水15 mL,观察溶液是否变混浊。然后用玻管在液面吹气,观察液体的变化,并说明原因。

(4)取两个表面皿放入定量的石硫合剂原液5 mL,一个表面皿用煤油与空气隔离,另一个表面皿暴露在空气中,隔一星期观察两个表面皿里的原液有何变化,并说明理由。

实训十五　波尔多液的配制

一、实训目的

(1)了解波尔多液的杀菌机理。

(2)掌握波尔多液的配制方法。

二、内容说明

波尔多液是天蓝色的胶状悬液,是农业生产上优良的保护剂和杀菌剂,可有效地阻止孢子萌发,防止病菌侵染,提高烟株抗病能力,且黏着力强,较耐雨水冲刷,具有杀菌谱广、持效期长、病菌不会产生抗性、低毒等特点。波尔多液由硫酸铜溶液和石灰乳混合配制而成,当硫酸铜溶液与石灰乳混合时,发生了下列化学反应:

$$4CuSO_4 \cdot 5H_2O + 3Ca(OH)_2 = [Cu(OH)_2]_3 \cdot CuSO_4 + 3CaSO_4 + 20H_2O$$

其中生成的杀菌成分主要是碱式硫酸铜。

三、主要仪器设备及用具

(1)主要仪器及用具:烧杯、电子天平和玻璃棒等。

(2)药品试剂:生石灰、硫酸铜、pH试纸等。

四、操作步骤与方法

1.原料选择

(1)硫酸铜以天蓝色有光泽的为最好,如颜色发绿,则不宜采用。

(2)生石灰选择标准同石硫合剂。

2.配方(按质量计)

波尔多液主要配制原料为硫酸铜、生石灰及水,生产上常用的波尔多液比例有:等量式(硫酸铜∶生石灰=1∶1)、倍量式(硫酸铜∶生石灰=1∶2)、半量式(硫酸铜∶生石灰=1∶0.5)和多量式[硫酸铜∶生石灰=1∶(3～5)],用水一般为160～240倍。

配制硫酸铜浓度为1%、0.8%、0.5%、0.4%的波尔多液。例如,施用浓度为0.5%的半量式波尔多液,即用硫酸铜1份、生石灰0.5份、水200份配制1∶0.5∶200的波尔多液。

生石灰含量的比例增大时,所形成的碱式硫酸铜化合物的溶解度较小,对植物安全。反之,所形成的碱式硫酸铜化合物的溶解度较大,虽然防治效果可提高,但因铜离子浓度过高,对植物容易产生药害。因此,配制波尔多液时要根据植物的种类和品种、防治对象、季节、温度等因素,采取适宜的配方。

3.配制方法

(1)常用的配制方法是"两液法"。即将硫酸铜溶液与石灰乳同时倒入第三容器中,加以搅拌而成。

(2)将硫酸铜溶液倒入石灰乳中,加以搅拌而成。

(3)将石灰乳倒入硫酸铜溶液中,加以搅拌而成。

前两种配制方法是生产上常用的,第三种配制方法配制而成的波尔多液质量不好,不宜采用。

4.pH检测

取pH试纸一条,在所配制的波尔多液中浸蘸一下后,立即取出与pH值比色板比较,可测得波尔多液的pH值。

五、注意事项

（1）若配成的石灰乳含有砂粒，应先用纱布过滤。
（2）硫酸铜溶液不能盛放于金属容器中。
（3）两种液体应冷却到室温才可混合，并应加以搅拌。
（4）不能以浓硫酸铜溶液与浓石灰乳先配成高浓度的波尔多液，再用水稀释。
（5）波尔多液要现配现用，不宜放置过久。

六、思考题

（1）为什么硫酸铜溶液不能盛放于金属容器中？
（2）为什么第三种配制方法配制的波尔多液质量不好？

实训十六　常见农药质量的简易鉴别

一、实训目的

掌握常见农药质量的简易鉴别方法。

二、内容说明

农药对防治农作物病虫草害、提高农作物的产量和品质起着十分重要的作用。然而，随着我国农药生产加工业的迅速发展，各种农药大量生产上市，有些不法分子为了牟取暴利，造假售假，致使假农药充斥市场，一些达不到农药生产标准、没有防治效果的劣质农药更是在广大农村占了相当大的份额。另外，农药由于存放时间过长或存放不当，也会造成药效下降，影响防治效果。

三、主要仪器设备及用具

（1）主要仪器及用具：电子天平、烧杯、量筒、移液管、滴管、药勺。
（2）药品试剂：敌敌畏EC、乐果EC、马拉硫磷EC、功夫EC、保得EC、乙草胺EC、百菌清WP、多菌灵WP、硫黄粉、特克多悬浮剂等。

四、操作步骤与方法

（一）粉剂的鉴别

1.外观
粉剂的外观应为疏松的细粉、无团块。凡是流动性差，结成块状物，或手捏成团，不易散开，大多说明这些粉剂存放时间过长或存放不当，造成减效或者失效。

2.吸湿性

取药粉前,先查看粉剂包装袋外面有无潮湿的情况,如果有,则是吸湿性大的表现。然后从袋中取出一点药粉倒在一张白纸上,拿起白纸,用拇指和食指在纸外面捏一下,如果黏成一片,表明这种药粉已吸潮;如果仍旧是松散的细粉,表明是好的喷粉药剂。

3.悬浮法

取1g农药加入100 mL水中,搅拌10 min后,静置片刻,然后慢慢倒去上层90%左右的溶液,将剩下的溶液用已知质量的滤纸过滤,再将纸和沉淀物晒干或烘干,称其质量,求出悬浮率。

$$悬浮率(\%)=\frac{样品质量-沉淀物质量}{样品质量}\times100\%$$

悬浮率在30%以上为良好,证明可以使用。

(二)可湿性粉剂的鉴别

1.外观

可湿性粉剂应为很细的疏松粉末,无团块。

2.湿润法

称取被检验的农药样品1 g,轻轻撒在200 mL水面上,如果在1 min内农药能够全部分散进入水中,即为有效农药。如果农药长时间不能润湿而漂浮在水面上,则证明农药已经失效。

3.悬浮法

取清水1杯,加入1 g被检验的农药样品,充分摇匀,静置20~30 min,观察药品悬浮情况。如果粉粒极细,沉淀慢而少,整个药液浊而不清,则农药未变质;如果杯中少部分水清澈,大部分混浊,则还可使用;如果样品沉淀快,而杯中大部分药液呈现半透明状,则不能使用。

4.沉淀法

取5 g药剂,倒入杯中,加入少量水,调成糊状,再加水搅拌,则未变质的农药粉粒细,悬浮性好,沉淀慢而少,而已变质农药悬浮性不好,沉淀快且多。

(三)乳油的鉴别

1.振荡法

首先观察瓶内有无分层现象,如有分层现象,说明乳化性能已经降低,可用力振荡均匀,静置1 h,如果仍然分层,说明农药已经变质。

2.兑水法

取清水200 mL放在玻璃瓶中,轻轻加入1 mL待检验的乳油农药,乳化性能好的呈放射状向四周扩散,静置后,水面无浮油,水底无沉淀,呈乳白色液体,且均匀一致,则为正常乳油。如果表面有乳油或瓶底有沉淀,则说明药剂已变质。

3.加热法

先将有沉淀的乳油农药,连瓶放在50~55 ℃的热水中,水浴1 h后,如果沉淀能慢慢溶解,溶液均匀一致,药效一般不减,则表明农药可以使用;如果农药的沉淀物不溶解,则表明农药已经变质失效。

(四)悬浮剂的鉴别

悬浮剂应为略带黏稠的、可流动的悬浮液,其黏度非常小。若悬浮剂因长时间存放出现分层,经手摇动可恢复均匀状态的,仍可视为合格产品。如果悬浮剂不能重新变成均匀的悬浮液,底部沉淀物无法摇匀,则悬浮性能就不好。

五、注意事项

(1)上述各种方法可方便地鉴别各农药剂型是否变质、失效,如要进一步了解各农药制剂的真实含量(有效成分),则需将样品送到农药专门研究机构或农药检测机构进行分析鉴定。

(2)用上述简易法鉴别农药时,千万注意农药的毒性,如果农药沾到手上或皮肤上,要立即用水冲洗,对于粉剂农药,先用水冲洗后,再用肥皂洗净;对于乳油农药要特别小心,先用清水冲洗,再用碱水洗,最后用肥皂洗净。如果碰到农药,不久后感觉恶心,要及时去医院检查。

(3)盛过农药的器具要妥善处理,不要再做其他用途。

六、思考题

(1)常见农药有哪些类型?
(2)如何鉴别农药的质量?

实训十七　植物病理标本的采集和制作

一、实训目的

(1)熟练掌握植物病理标本的采集方法。
(2)熟练掌握利用干制法制作植物病理标本的方法。
(3)熟练掌握利用浸渍法制作植物病理标本的方法。

二、内容说明

植物病理标本是植物病害及其分布的实物性记载,有了标本即可在室外观察的基础上,开展室内各方面的研究工作,特别是病害诊断以及病原物的分类、鉴定工作,没有合格的标本将无从做起,因此,病理标本的采集和制作是植物病害研究和实验室的基本建设工作。

三、主要仪器设备及用具

(1)实训材料:烟草感病组织。

(2)主要仪器及用具:标本夹、标本纸、吸水纸、塑料袋、纸袋、标签、铅笔、记号笔、小刀、枝剪、手锯、标本缸。

(3)药品试剂:硫酸铜、95%乙醇、甲醛溶液、亚硫酸、甘油和蒸馏水等。

四、操作步骤与方法

(一)标本的采集

1.方法

组织学生教学实习,按野外集中采集和平时田间活动随时分散采集相结合的方法进行,5人分作一组,常年采集。

2.要求

为提高标本的使用价值,对所采标本特提出如下要求。

(1)症状应具典型性:有的病害还应有不同阶段的典型症状,如谷子白发病不同时间的症状截然不同,形成所谓的"灰背""白尖""白发""看谷老""刺猬头"等症状,所以采集不同阶段的典型症状的标本,对正确识别病害是很重要的。

(2)真菌病害要采集带有子实体的标本,不同的病原菌所致病状,有时是很相似的,单凭病状是不够的,因此必须鉴定病原菌才能做出最后的诊断。没有子实体的标本,有时是毫无意义的。

(3)每种标本上的病害种类一定要单一,以便正确鉴定和使用标本,因此所采集的标本都要经过严格挑选。

(4)采集时要做必要的记载,以弥补标本的不足,记载的主要内容有:寄主名称、发病情况、环境条件及采集日期、地点、采集者姓名,为了采集方便,可印刷成"采集记载本",按采集顺序编号使用。

3.采集注意事项

(1)对不认识的寄主植物,应注意采集供鉴定用的枝、叶、花、果等部分,以便鉴定寄主。

(2)适于干制的标本,尤其容易干燥蜷缩的标本,如穗叶,要及时压制,否则叶片失水卷缩后无法展平。

(3)腐烂的果实标本及柔软的肉质类标本,应先以标本纸分别包裹后,再放在标本缸中,并且不能放得太多,以免标本受到污染和挤压。

(4)黑粉病类标本,也应以纸袋分装或用纸包好后,再放入标本缸中,以免混杂。

(5)标本的采集应有一定的复份,一般应在5份以上,以便用于鉴定、保存和交流等。

(二)标本的制作

采集的标本要及时制作,制作方法不外乎干制和浸渍两种。干制法适用于一般大田作物及蔬菜果树的茎、叶、花和去掉果肉的果皮等;浸渍法适用于根茎(如土豆、地瓜等)及果实等多汁液的器官。

1. 干制法

通常所说的蜡叶标本就是经干制法制成的标本,干制法简便易行,方法是将适于压制的标本分层压在标本夹中,一层标本,一层标本纸(每层 3~4 张),以吸收标本中的水分,每个标本夹总厚度以 10 cm 左右为宜,太厚不利于干燥,夹好后用绳绑紧,放在阳光充足、通风干燥处自然干燥,干燥愈快,保持标本原色的效果愈好,所以标本质量在于勤换纸、勤晾晒。夏季,压制的前 3~4 d,每日换纸 1~2 次,之后每隔 2~3 d 换纸 1 次;春秋可适当减少换纸的次数,直至彻底干燥为止。在换纸时,特别是在头一次换纸时,因为标本已经变软,易于铺展,应加以整理,使其具有一定的"姿势"。

压制标本,除了自然干燥外,必要时也可进行人工加温快速干燥,将标本放在烘箱或土炕上,温度可提高到 35~50 ℃,但换纸要更勤,至少 2 h 换一次纸,对某些容易变黑的叶片标本(如梨叶)可平放在有阳光照射的热沙中,使其迅速干燥,以达到保持原色的目的。此外,多汁或大型不好压制的标本,还可装挂在通风良好处风干或晒干。

2. 浸渍法

果实及无性繁殖器官等必须用浸渍法保存在标本瓶中,浸渍液的种类很多,这里介绍常用的几种。

(1)普通防腐性浸渍液。

福尔马林 50 mL、酒精(95%)300 mL 加水至 2000 mL。

(2)保持绿色的浸渍液。

① 醋酸铜浸渍液。

以结晶醋酸铜逐渐加到 50% 的醋酸中,至饱和为止,将配成的原液用水稀释三四倍使用。将稀释后的溶液加热至沸腾,投入标本,标本的绿色最初会被漂去,经过三四分钟,至绿色恢复后,将标本取出,用清水漂净,保存于 5% 的福尔马林溶液中,或压制成干标本亦可。

② 硫酸铜及亚硫酸浸渍法。

标本在 5% 的硫酸铜中浸泡 6~24 h,取出后用清水漂洗数小时,然后保存在亚硫酸(以含 56% SO_2 的亚硫酸溶液 45mL 加水 1000 mL 配成)中。亚硫酸浸渍液亦可用下法配成:取无水亚硫酸钠 16 g,溶于 1000 mL 水中,取浓硫酸 20 mL 徐徐滴入上述溶液中,配成的溶液在密封条件下可以贮藏。本法用于保持绿色叶片及果实等,颜色比醋酸铜法自然,但应注意密封瓶口,或每年更换一次亚硫酸浸渍液。

③ 黄色和橘红色标本浸渍液。

含有叶黄素和胡萝卜素的果实如杏、梨、红辣椒等用亚硫酸保存,用市售含 5%~6% 二氧化硫的亚硫酸按 4%~10% 再稀释成稀溶液使用。对各种标本的适宜浓度要通过试验才能找出。亚硫酸过浓,有漂白作用,不能保色;亚硫酸过稀,防腐能力不足。在需用较低浓度时,可加少量酒精提高防腐能力,溶液中加甘油少许,可以防止标本开裂。

④ 保存红色的浸渍液。

标本的红色是由花青素形成的,花青素能溶于水和酒精,因此,保存标本的红色是比较困难的。保存红色常用的浸渍液有赫斯娄浸渍液、坡尔浸渍液、瓦查浸渍液三种,前两者只能用于保存色粒中的色素,以瓦查浸渍液较好。

a. 赫斯娄浸渍液。

氯化锌 50 g、福尔马林 25 mL、甘油 25 mL 加水至 1000 mL,溶氯化锌于热水中,加入福尔马林及甘油,如有沉淀,用其上清液。

b. 坡尔浸渍液。

以二氧化硫通过福尔马林至饱和为止,稀释 20～40 倍使用。

c. 瓦查浸渍液。

硝酸亚钴 15 g、氯化锡 10 g、福尔马林 25 mL 加水至 2000 mL。此溶液可用于保存草莓、辣椒、马铃薯及其他组织的红色,标本洗净后在此溶液中浸两周,然后保存于下列浸渍液中:福尔马林 10 mL、酒精(95%)10 mL、亚硫酸(饱和溶液)30～50 mL 加水至 1000 mL。

⑤ 标本瓶瓶口封口法。

a. 暂时封口法。

将蜂蜡及松香各一份,分别熔化混合,加入少量的凡士林调成胶状物,涂于瓶盖边缘,将盖压紧,亦可用明胶四份在水中浸数小时,将水滤去,加热熔化,拌入一份石蜡,熔化混合后成为胶状物,趁热使用。

b. 永久封口法。

以酪胶及消石灰各一份混合,加水调成糊状物,用于封盖,干燥后,由于酪酸钙的硬化而密封。亦可用明胶 28 g 在水中浸泡数小时,将水滤去加热熔化,混入 0.324 g 重铬酸钾及充足的熟石膏调成糊状,即可用于封口。

五、思考题

(1)每人提交合格的蜡叶标本三份,液浸标本一瓶。

(2)两种制作标本的方法各在什么情况下应用? 如何较好地保持易变黑的叶片标本(如梨叶)的原色?

实训十八　昆虫标本的采集、制作和鉴定

一、实训目的

(1)掌握昆虫标本的采集、制作及保存、收藏技术与方法。

(2)掌握昆虫分类的鉴定方法。

(3)了解当地昆虫的目科和优势种类。

二、内容说明

昆虫标本是保持实物原样或经过整理,供学习、研究时参考用的昆虫样,在同一种类中可以作为代表的个体,它是确定昆虫种类的重要依据,也可作为科研、教学、害虫防治、益虫利用,以及科技知识普及、宣传的重要参考。要想得到大量完整而珍贵的标本,就必须进行昆虫的采集、制作与鉴定。

三、主要仪器设备及用具

（1）主要仪器及用具：昆虫针（0 号、1 号、2 号、3 号、4 号）、三级台、粘虫胶、胶水、标本瓶（100 mL、200 mL、500 mL 或 1000 mL 等）、标本盒、放大镜、展翅板、整姿板、挑针等。捕虫网、吸虫管、采集袋、指形管或小玻瓶、采集盒、毒瓶、镊子、小刀。

（2）药品试剂：福尔马林、95％酒精等。

四、操作步骤与方法

（一）昆虫标本的采集

1. 采集方法

采集昆虫标本可根据各种昆虫的习性选用网捕法、振落法、诱集法、搜索法等。

（1）网捕法：能飞善跳的昆虫种类可以进行网捕。如正在飞行的昆虫，可用捕网迎头捕捉或从旁掠取。当昆虫进网后迅速摆动网柄，将网袋下部连虫带网翻到网框上。取虫时先用左手捏拄网袋中部，空出右手来取毒瓶，左手帮助打开瓶盖，将毒瓶伸入网内把昆虫装进瓶内，小型蛾、蝶也可先隔网捏压其胸部，使之失去活动能力后，再放入毒瓶。又如生活于草丛或灌木丛中的昆虫，可用扫网边走边扫捕。

（2）振落法：许多昆虫有假死性，可通过摇动或敲打植物、树枝把它们振落下来，再捕捉。有些无假死性的昆虫，经振动虽不落地，但由于飞动暴露了目标，可进行网捕。

（3）诱集法：利用昆虫的某种特殊趋性或生活习性来诱集昆虫，如灯光诱集、食物诱集、潜所诱杀、性诱法等。

（4）搜索法：认真观察地面、草丛中、植物体上、树上等部位，采用搜索法采集。

2. 采集时的注意事项

（1）采到标本后，要及时做好采集记录，记录内容包括编号、采集日期、采集地点、采集人等，也要记录当时的环境、寄主及害虫生活习性等，还要注意当地的气象记录，如气温、降水量、风力等，并加以记载。

（2）应尽量设法保持昆虫标本的完整，若有损坏，就会失去应用价值。昆虫的翅、足、触角及蛾的鳞片等极易破损，故应避免直接用手捕捉、采集和整理。采集小型昆虫标本时应特别耐心、细致。

（3）重点采集农作物的害虫和天敌昆虫。

（4）每种昆虫都要采集一定数量的个体，尽量采全昆虫的各个虫态（卵、幼虫、蛹、成虫）。

（二）昆虫标本的制作

1. 昆虫干制标本的制作

（1）虫体针插：按昆虫体大小选用适当的昆虫针，夜蛾类一般用 3 号针；天蛾类等大型蛾类用 4 号针；叶蝉、盲蝽、小蛾类用 1 号针或 2 号针。微小昆虫用 10 mm 的无头细微针。昆虫针插入的部位因种类而异。甲虫从右翅基部内侧插入；半翅目从中胸小盾片中央垂直插入；鳞翅目、膜翅目及同翅目成虫从中胸中央插入；直翅目从前胸背板右面插入；双翅目从中胸中央偏右插入;小型蜂类可不插针;采用侧粘的方法,以免损坏其胸部特征。

(2)整姿:蜡、甲虫、蝗虫等昆虫针插以后,尽量保持活虫姿态。需将触角和足进行整姿,使前足向前,后足向后,中足向左右。

(3)展翅:蝶蛾类昆虫需要展翅。按昆虫的大小选取昆虫针、按针插入部位要求插入虫体,将虫体腹部向下插入展翅板的槽内,使展翅板的两边靠紧身体,用昆虫针将翅拨开平铺在展翅板上。蜻蜓类要以后翅的两前缘成一条直线为准;蝶蛾类以两前翅后缘成直线并与身体垂直为准;蝇类和蜂类以前翅顶角与头顶在一条直线上为准。然后拨后翅使左右对称。最后用玻璃片压住或用光滑纸条把前后翅压住,用大头针固定,放在干燥通风处,待虫体干燥后,取下玻璃片或纸条,从展翅板上取下昆虫插入标本盒内,制成针插盒装标本。

2.小型昆虫针插标本的制作

可用粘虫胶或合成胶水把小型昆虫粘在三角纸上,再做成针插标本。

(1)装标签:每一个昆虫标本,必须附有标签。按照一定的针插部位将昆虫针插入后,使用三级台整理针插昆虫和标签的位置。针帽至虫体背为 8 mm,标签至针尖为 16 mm(寄主、时间)、8mm(昆虫的名称)。

(2)修补:在制作过程中,如有损坏,可以用粘虫胶或乳白胶进行修补。

3.昆虫浸渍标本的制作

凡身体柔软或细小昆虫的成虫、卵、幼虫、蛹等,可以用防腐性的浸渍液浸泡保存在玻璃瓶内。浸泡前应先使幼虫饥饿,排出粪便。浸泡在以下保存液中。

(1)酒精浸渍液:75%的酒精浸渍液,加上 0.5%～1%的甘油,常用于浸渍螨类、叶蝉等标本。

(2)5%福尔马林浸渍液:将福尔马林(40%甲醛)稀释成 5%的福尔马林液。

冰醋酸、白糖、福尔马林混合液:用冰醋酸 5 mL、白糖 5 g、福尔马林 4 mL、蒸馏水或无菌水 100 mL 配成。

(3)绿色幼虫浸渍液:将硫酸铜 10 g 溶于 100mL 水中,煮沸后停火,投入幼虫,投入后有褪色现象,直到恢复绿色时,立即取出用清水洗净,浸入 5%福尔马林溶液中保存。

(4)黄色幼虫浸渍液:氯仿 3 mL、冰醋酸 1 mL、无水酒精 6 mL 混合而成。先用此液浸渍 24 h,然后移入 70%酒精液中保存。

(5)红色幼虫浸渍液:用冰醋酸 4 mL、福尔马林 4 mL、甘油 20 mL、蒸馏水 100 mL 配成。

贴标签,其上要写明昆虫名称、寄主及采集地点和时间。

4.昆虫生活史标本的制作

昆虫生活史标本是把昆虫一生按发育顺序:卵、幼虫的各龄期(若虫),蛹、成虫(雌成虫和雄成虫)及为害状,装在一个标本盒内,并贴上标签。

(三)昆虫标本的保存、收藏

昆虫标本的保存主要是防昆虫标本被虫蛀食危害、防阳光暴晒褪色、防灰尘、防鼠咬、防霉烂。制成的昆虫标本要放在阴凉干燥处,玻片标本、针插标本等必须放在有防虫药品的标本盒里,分类收藏在标本柜中。

（四）昆虫标本的初步鉴定

通过文献查出目科后，可进一步查找有关专著，初步定名或寄送有关专家审定。

五、思考题

每人采集并制作昆虫标本10～15个。

实训十九　植物病理生物绘图技术

一、实训目的

（1）熟练掌握病原菌形态图的绘制要点。
（2）熟练掌握病原症状图的绘制要点。

二、内容说明

绘图是植物病理学研究的一项重要技术，如病原物的形态学和分类学研究，有时文字所不能或不易说明的，绘图可以表达出来。科学论文、专著、报告和教材有恰当的插图配合，将更具说服力，为文章添色增辉。生物科学绘图，不同于美术作品，它以科学性为标准，要求形体正确、比例正确、倍数正确、色彩正确。

三、主要仪器设备及用具

（1）实训材料：各种病原菌有为害症状的发病组织。
（2）主要仪器及用具：显微镜、载玻片、盖玻片、普通白纸、铅笔（1H）、硫酸纸、绘图笔、碳素墨水等。

四、操作步骤与方法

（一）病原菌形态图的绘制

以点线法绘制黑白图的步骤和方法如下。

1. 初稿的描绘

用普通白纸、铅笔（1H）起稿，先确定图幅大小，一般要比制版尺寸大一些，但不能超过一倍，制版时再缩小，有提高原图质量的效果，当然如能精良绘制，亦可用原图制版，如在一张图上绘出几个内容（如分生孢子梗和分生孢子子囊壳，子囊和子囊孢子），则应按图幅大小求出初稿上各部比例尺寸，其比例大小需由显微测微尺度量算出。有的目测描绘，有的用显微绘图仪描绘轮廓，形成初稿。

2. 原稿的形成

将硫酸纸蒙于初稿上描绘，在用铅笔时，笔头必须削尖，轻描以便修改和保持图面清晰，橡皮要软而不带颜色，以免沾污画面。

3. 原图的完成

用绘图笔蘸碳素墨水照原稿线条描出全部线条轮廓,然后根据病原菌各部有无颜色,颜色深浅等特点,用黑点的有无及疏密程度点出,使之具有色调、质地及立体之感。

图上要有比例尺,以表示各部的大小,图下要写名称和标图注。

(二)病害症状图的绘制

病害症状是植物根、茎、叶、花、果实等部位的变形、变色或穿孔等特征,这类标本大多不规则,绘制时只要求表示出特征就行了,不像病原物形态图那样严格,也不必绘出原稿,再根据原稿描绘原图,有的纯用线条,有的点线结合,可根据情况灵活处理,但对初学者而言,先勾画草图,再反复修改、推敲是必要的。绘图时照顾各部分比例是必不可少的,同样,图绘完后要注明病害名称和标注图注。

五、注意事项

(1)布点是一项细致而费工的技巧,点要点得圆、点得匀,点的排列,既要保持整齐、均匀,又要在均匀中求变化,在变化中求统一,所以应有计划(心中有数)地从明处点起,小心而慢慢地点,一行行交互着点,不要等到画好看得太疏时再加点,再加的点反而会变得不均匀。明的部分、色淡的部分点子要小些、稀些;而暗的部分、色深的部分点子要大些、密些。

(2)画线是绘图的又一基本功,一般以肘贴桌面,掌侧和小指抵图纸,紧握笔杆,从左下方向右上的方向运笔,同时应闭气用力,可使线条均匀、光滑、流畅,一般来说,不应露出笔尖起落的痕迹。笔尖含黑的多少,压笔力的大小,常引起线点的粗细变化,要多加体会和运用。

(3)绘图时必须冷静有耐心,特别是换用绘图仪描绘时,座位的高低必须合适,以免疲劳,草图应一气呵成,不要中途停顿。

六、思考题

(1)每位同学提交合乎要求的病原菌形态图一张。

(2)病原菌形态图的绘制,一般要经过哪几个步骤?如何高质量地完成这些绘图步骤?每一步都应注意哪些问题?

实训二十　农业昆虫生物绘图技术

一、实训目的

(1)掌握昆虫生物绘图的基本方法。

(2)掌握昆虫的形态结构。

二、内容说明

绘制昆虫图是学习昆虫学和从事昆虫学教学与科学研究工作必须掌握的基本技术。它可以帮助我们形象而深刻地了解和掌握昆虫的形态结构,及时记载所观察到的现象和特征。在发表科研成果和交流经验时,需要用全形图或特征图来简要地表现文章的内容,以帮助读者更正确地理解和掌握。现就实验和实习课上绘图的一些知识做介绍。

三、主要仪器设备及用具

(1)实训材料:农业昆虫标本。

(2)主要仪器及用具:绘图纸(16 开的白色道林纸及硫酸纸)、绘图铅笔[中软(HB)铅笔、硬(3H～4H)铅笔各 1 支]、绘图例笔、绘图墨汁或碳素墨水、透明直尺或三角尺、九宫格、两脚规、方格测微尺、放大镜或双管镜、刀片和橡皮等用具。

四、操作步骤与方法

(一)表现形式

根据需要,可以是昆虫全形图或昆虫局部特征图。

昆虫全形图可分为背面、腹面和侧面三种图形。为了全面、正确地表现出昆虫的头、脑、腹、翅、足等各部分的特征,必须注意各部分的比例关系。绘制鳞翅目、双翅目和膜翅目昆虫时,要用已经展翅的标本。为节省时间,虫体及附肢可先画一半,然后进行整合并图,但要特别注意完整、对称和比例的正确。

绘制昆虫局部特征图时,要突出说明问题的部分。对针插标本要妥善安插,从不同角度观察虫体形态特征,寻求最能表达内容的一个角度来画;画触角和足时,应弄清体向,不要把左和右,正面和反面,以及内侧与外侧弄错;画解剖器官或组织(如咀嚼式口器或消化系统各个部分)时,应事先摆好其相应位置,突出要表现的特征,并相对固定。

(二)绘图步骤

1.起稿

大型标本可直接用目测起稿,小型标本、改片标本及特征图等在放大镜或双管镜下起稿。

将标本放置妥当后,在绘图纸上确定图形的大小和各部分的排列。图形太大,费功夫;图形太小,某些特征难以表现,并且都不美观。动笔前,必须仔细观察各部分的形态特征及比例关系,在头脑中有个明确的印象。然后用硬铅笔轻轻画出轮廓。原则上按先全体(如体长),后部分(如体躯分段和分节,画足和翅等),最后细微部分(如气门、刚毛等)的步骤画,初稿勾画完后,要将图与标本对照,仔细观察,反复修改,力求正确和真实。

2.上墨

起稿完成后即进行上墨。上墨可分勾线和衬影两步。

(1)勾线:钢笔图重视线条的勾描,要求粗细均匀、下笔正确。勾线一般习惯从左向右,自下而上。捏笔要紧,下笔要轻。短线条可一笔完成;长线条需几笔完成时,要用两头尖的短线条连续衔接起来,构成一条光滑、均匀的长线。初学者往往不易掌握,要下一定的功夫练习才能得心应手。

昆虫的刚毛有粗细长短之分,要注意观察其形态、性质。画细毛时,最好一笔完成,速度要快;画粗毛时,下笔要重,手力缓慢减轻,同时加快速度。

(2)衬影:画立体图形需要衬影。用深浅不同的色调(包括明暗、层次等)来表现虫体的明暗部分,使之产生立体感。衬影一般用细小的圆点组成,有时也可用线条组成。

3.修改

上墨完成后,要进行适当修改,对多余的墨迹或线条不够均匀和光滑之处,可用刀片仔细刮去,将刮毛的地方用干净橡皮擦匀,然后用指甲磨光,必要时再用钢笔轻轻描匀。也可用白色水彩颜料或广告色把多余的墨迹涂去。对着墨不足之处,用细钢笔轻轻描匀。经过一番认真、细致的修改,即可绘出一张整洁而漂亮的图。

实验作业绘图,不要求上墨与衬影。在起稿完后,用 HB 的软铅笔描出均匀、光滑的实线,画出一张清晰而整洁的图即可。

五、思考题

完成一张昆虫生物绘图。

实训二十一　作物田间杂草防除

一、实训目的

(1)了解各种作物田的主要杂草种类。
(2)了解常用除草剂的种类和特点。
(3)掌握除草剂的正确使用方法。

二、内容说明

杂草主要为草本植物,也包括部分小灌木、蕨类及藻类,全球经定名的植物有三十余万种,其中认定为杂草的植物有八千余种。杂草生活周期一般都比作物短,成熟的种子随熟随落,抗逆性强,光合作用效益高,常与作物争夺养料、水分、阳光和空间,妨碍田间通风透光,增加局部气候温度,有些则是病虫中间寄主,促进病虫害发生。寄生性杂草直接从作物体内吸收养分,从而降低作物的产量和品质。此外,有的杂草的种子或花粉含有毒素,能使人畜中毒。因此,田间杂草应该及时、有效地清除,作物田间杂草防除分两个阶段,一是播种后苗前防除,二是苗后防除。前者一般用化学除草剂防除;后者可以用化学除草剂防除,也可用人工防除。这里主要以化学除草剂防除为主进行训练。

三、主要仪器设备及用具

(1)主要仪器及用具:量筒、烧杯、玻璃棒、胶皮手套、口罩、背负式喷雾器。
(2)药品试剂:各种除草剂。

四、操作步骤与方法

(一)杂草识别

农田杂草的种类很多,旱田常见杂草有禾本科杂草,如稗、狗尾草、野燕麦、毒麦,阔叶杂草,如藜、苋、苍耳、蓼、鸭跖草等;水田常见的杂草有稗、雨久花、泽泻、眼子菜等。

(二)化学除草剂选择

化学除草剂一般按药剂的作用方式、在植物体内的移动情况、化学结构和使用方法等进行分类。根据在植物体内的移动情况,其分为触杀型除草剂(如除草醚)和内吸型除草剂(如2,4～D丁酯)。根据使用方法,其分为茎叶处理剂(如虎威)和土壤处理剂(如乙草胺)。根据化学结构,其分为无机除草剂和有机除草剂,其中有机除草剂如苯甲酸类、酰胺类、有机杂环类等。根据除草剂对植物作用的性质,其可分为灭生性除草剂和选择性除草剂,施用后能杀伤所有植物的药剂称为灭生性除草剂,如草甘膦等;施用后有选择地毒杀某些种类植物而对另一些植物无毒或毒性很低的药剂,称为选择性除草剂,如2,4～D丁酯可防除阔叶杂草,但对于禾本科杂草无效等。

化学除草要重视除草剂品种和配方的选择及经济效益、生态效益、社会效益,合理、安全使用农药。要视除草剂品种的结构和农田中杂草种类选择适宜的除草剂,可选单一的除草剂,也可选用两种或两种以上除草剂混合的复配剂。

小麦田应重点防治阔叶杂草和野燕麦。防治野燕麦可选用燕麦畏,春施秋施均可,药效稳定,对小麦有增产刺激作用;苗后可选用骠马、野燕枯、禾草灵等除草剂。麦田防治阔叶性杂草可选用磺酰脲类除草剂,如宝收、巨星等,对小麦安全,缺点是见效慢,而伴地农和使它隆对小麦安全,对一年生阔叶杂草药效好。

玉米田化学除草应以苗前土壤处理为主,苗后茎叶处理为辅。玉米田防除一年生禾本科杂草和部分阔叶杂草可选用乙草胺、都尔、普乐宝等除草剂;防除禾本科杂草和阔叶杂草可选用玉农乐;仅防除阔叶杂草可选用宝收。苗前除草剂在施药前要平整土地,做到无大土块,秋施或春播前施药,施药后用双列圆盘耙交叉耙一遍,耙深10～15 cm,耙后可起垄。播种后苗前施药,施药后可用旋转锄进行浅混土2～3 cm;起垄播种的还可在施药后用机械培土2 cm,并及时镇压保墒。最好播种后随即施药,一般在播后3 d内施药,苗前施用的除草剂多数对杂草幼芽有效,施药过晚,杂草已长大,会降低除草效果。如果苗后施用的除草剂对作物安全,要以杂草幼苗的大小确定施药时期,施药不可过早,过早杂草出苗不齐,晚出苗的杂草还需采取其他灭草措施;施药过晚,杂草产生抗性,特别是在大豆、玉米田中防治阔叶杂草,药剂的药效明显降低,某些除草剂对作物不安全。施药时如果气温超过27 ℃,易引起药害;如果气温低于15 ℃,应停止施药。

在水稻田进行化学除草,选择除草剂首先应考虑安全性。目前上市的稻田除草剂价格高的安全性好,价格低的需要使用者技术水平高。可以选择使用的有农得时、草克星、吡嘧黄隆、草灭星、金秋、威农、太阳星等,主要防治一年生和某些多年生阔叶杂草,对难治的稗草有效;禾大壮可防治3～4叶期稗草;防治多年生的莎草科杂草,可选用排草丹,其最安全、有效。

各校根据实际情况选择 2～3 种作物,选择适宜的除草剂进行化学除草。

(三)喷雾器喷施除草

手动背负式喷雾器适于小面积喷洒作业,喷药前首先观察风向,喷洒方向应与风向一致,走向与风向垂直或不小于 45°。行速一般为 1.0～1.3 m/s;当压力达到要求时,打开直通开关喷药。

(四)除草效果调查

4～5 d 后,调查各种除草剂除草效果。

五、思考题

(1)总结化学除草操作过程中存在的问题。

(2)调查当地主要的除草剂种类,并了解其适用范围及注意事项。

模块四　栽培技术篇

实训一　作物生产技术方案制订

一、实训目的

(1)了解作物生产技术方案的结构。

(2)掌握作物生产技术方案的制订方法。

二、内容说明

作物生产技术方案是生产单位就某种农作物生产所做出的具体技术安排,它是通过文字描述,阐明某种作物生产的主要技术措施,为生产者提供具体的技术操作要求,使作物生产有可靠的技术基础。可见,作物生产技术方案制订是对各项栽培技术的综合运用,是农学专业学生应具备的重要专业技能。通过本实训,学生应掌握制订作物生产技术方案的方法,能应用新技术成果,对各项技术进行合理组合,撰写出具有一定技术水平和较强适用性的作物生产技术方案,为作物丰产、丰收奠定基础。

三、主要仪器设备及用具

经济条件资料、市场预测资料、气象资料、作物生产情况资料、记录本、笔、计算器等。

四、操作步骤与方法

1. 调查研究

调查当地的自然条件和生产条件,总结当地丰产经验,以便能充分利用当地的自然条件和生产条件,选择与之相适应的技术措施。

(1)调查作物产量。调查方案制订前 3～5 年的产量情况,取其平均值,本年度的产量指标在此基础上,有适当的增加。

(2)调查作物生产过程中采取的主要技术措施。包括选地、选茬、整地施肥、播种育苗、田间管理和收获贮藏等技术环节。

(3)调查市场需求情况。了解农产品期货行情及相关市场信息,以便根据产品价格确定生产资料和技术投入水平。

(4)调查生产条件。调查种植面积、土壤类型、地势情况、灌溉条件、机械力量、资金状况、农民技术水平等基本情况。

(5)调查自然灾害。掌握当地主要的自然灾害及其发生频率,了解以前生产中是如何防御这些灾害的。

2.汇总资料

在调查研究的基础上,将所得材料进行汇总,分析各种材料的价值,运用技术原则和效益原则,衡量在新的一年中,作物生产的技术方向。根据当地土壤、气候等自然条件和农民的经济、技术水平及历年的生产经验,提出本年度、本单位的作物生产目标和任务。

3.制订技术方案

根据生产目标(产量目标、品质目标和效益目标)、任务和生产单位现有条件,确定采取的技术措施。撰写一种当地主栽作物的生产技术方案,并初步分析各项技术措施的合理性和可行性。要求制订的作物生产技术方案符合国家的农业方针政策,从实际出发,量力而行,任务明确,内容具体,体现改革精神,语言简明、准确,具有可操作性。

(1)作物生产技术方案的结构。

标题:×××作物生产技术方案

单位名称:略。

前言:概述生产目标和生产情况。

正文:对生产条件进行具体分析,提出主要生产技术措施,指出生产中可能出现的问题,提出解决的办法。在正文中,要以作物栽培技术措施为重点,按照各生产环节具有可操作性的要求具体撰写。

(2)主要的生产技术措施。

① 选地、选茬。明确选地、选茬原则。

② 整地与施肥。明确整地的时间和方式;施肥原则,施肥量,营养元素比例,基肥、种肥、追肥分配比例和具体的施肥方法。

③ 种子处理及播种育苗。明确种子处理方式、育苗方式及管理技术要点。

④ 田间管理。根据作物各生育时期的生长发育特点,确定相应的管理措施,既能为作物生长发育创造良好的条件,又要减少田间作业次数,降低生产成本。

⑤ 收获及产品贮藏。根据生产条件和作物特点确定收获时期和方法,减少收获损失。产品含水量达到规定标准,才能入库贮藏、保管。

五、思考题

(1)作物生产技术方案包括哪些主要技术环节?

(2)生产技术方案制订的关键因素有哪些?

实训二　水稻旱育秧技术

一、实训目的

(1)了解水稻育苗常用方法。

(2)掌握水稻旱育秧技术要点。

二、内容说明

水稻旱育秧是整个育秧过程中,只保持土壤湿润,不保持水层的育秧方法。即将水稻种子播种在肥沃、松软、深厚、呈海绵状的旱地苗床上,不建立水层,适量浇水,培育水稻秧苗。其具有省水、省工、省种、增产的特点,并且秧苗健壮、根系发达,返青期短,具有广阔的推广前景。但过去没有保温、保湿覆盖物,常因水分短缺而出苗不齐,且易生立枯病和受鼠雀危害。近几十年各地采取增盖薄膜、药剂防治立枯病等措施,保温旱育秧方式已成为寒冷地区和双季早稻培育壮秧、抗寒、抗旱、节水的重要育秧方法。

三、主要仪器设备及用具

(1)实训材料:水稻种子。

(2)主要仪器及用具:水桶、笊篱、温度计、波美比重计、天平、1000 mL 烧杯、喷壶、卷尺、烘箱、剪子、皮尺、棚膜、地膜、竹片、塑料绳、木桩、锹、耙子、筛子、喷雾器、水稻秧盘、育苗棚、墩土板等。

(3)药品试剂:盐、鲜鸡蛋、石灰水、咪鲜胺、水稻苗床除草剂、化肥、有机肥、立枯灵粉等。

四、操作步骤与方法

(一)秧田选择

秧田宜选择地势高、平坦、水源方便、土壤肥沃、质地良好、有机质含量高、透水性好、杂草少、偏酸性的菜地或水浇旱地,地下水位应在 30 cm 以下。

(二)种子处理

种子处理包括晒种、选种、消毒、浸种、催芽等环节。

1.晒种

选择晴天晒 2~3 d,利用太阳光紫外线杀菌除虫,散发二氧化碳和潮气,同时增强稻种透气性和吸水力,促使酶活化,从而提高发芽率和发芽势,达到出苗整齐、一致的目的。

2.选种

选种可以去瘪留饱,缩小种子间质量差异。目前多采用比重选种,选非糯稻时溶液相对密度为 $1.10\sim1.13\ \mathrm{g/cm^2}$(每 50 kg 水加 $10\sim11.5$ kg 食盐),选糯稻时溶液相对密度为

1.08 g/cm² 左右(每 50 kg 水加 8 kg 食盐)。充分搅拌溶解后用波美比重计或鲜鸡蛋测定相对密度,使用鸡蛋时,要掌握其顶端露出水面达 5 分钱硬币大小为宜。选种时要充分搅拌,使秕谷和杂物漂浮,然后捞净。盐水选种后要用清水洗至无咸味为止,以免影响发芽。

3. 消毒

水稻的许多病害是通过种子传染的,如稻瘟病、恶苗病、白叶枯病、胡麻叶斑病、干尖线虫病等,因此有必要对种子进行严格的消毒。目前常用的方法有以下几种。

① 种衣剂拌种。种衣剂是由农药、肥料、激素等物质组成的种子包衣剂,可防治恶苗病、稻瘟病、干尖线虫病和地下害虫,以及防鸟防鼠等。

② 温汤浸种。先把种子放入清水中浸 24 h,然后移浸于 45~47 ℃ 的温水中预热 5 min,再改浸于 50~52 ℃ 的温汤中 10 min,杀死线虫,最后放入冷水中继续浸种,直至达到发芽要求为止。此法可杀死稻瘟病、恶苗病等病原体。

③ 1% 石灰水浸种。利用石灰水与空气接触,在溶液表面形成一层碳酸钙结晶膜,隔离空气 4~6 d,闷杀水稻胡麻斑病、水稻恶苗病及稻瘟病的病原菌。浸种时,不要破坏水面上的石灰膜。石灰水浸种后要用清水冲洗净种子表面才能催芽。

4. 浸种

经过消毒的种子,如果已吸足水分,可不再浸种;如果未吸足水分,在播种前仍需浸种,稻谷吸水量达到谷重的 30% 时,就能正常发芽。达到这一含水量的时间,因浸种水温的不同而有差异,水温 30 ℃ 时需浸 30 h;水温 20 ℃ 时需浸 60 h。粳稻吸水慢,浸种时间稍长。浸种用水量以完全浸没稻谷为准,每隔 24 h 更换一次水。

5. 催芽

催芽要求早、齐、匀、壮,可用塑料薄膜、木桶等进行操作,其技术要点是高温破胸,适温催芽,低温晾芽。破胸适宜的温度为 30~32 ℃,当 70% 种子破胸时,要降温到 25 ℃ 催芽,当芽长 2 mm 时,放在 15 ℃ 左右的低温下晾芽 6 h 以上以待播种。

(三)整地作床

1. 育苗棚规格

小棚宽 1.5 m,苗床一般宽 1.2~1.4 m,长 10~15 m,埂(沟)宽 0.4~0.5 m。也可做成中棚、大棚。早春温度较高的地区可不用育苗棚。

常规稻每亩大田需净苗床面积:小苗(4.0 叶龄以下)移栽每亩需净苗床 17~20 m²,中苗(4.0~5.5 叶龄)移栽每亩需净苗床 22~25 m²,大苗(5.5 叶龄以上)移栽每亩需净苗床 33~35 m²。

杂交稻每亩大田需净苗床面积约为常规稻的 50%,即小苗(4.0 叶龄以下)移栽每亩需净苗床 10 m²,中苗(4.0~5.5 叶龄)移栽每亩需净苗床 12 m²,大苗(5.5 叶龄以上)移栽每亩需净苗床 17 m²。

2. 床土配制

播种前 10~15 d,每平方米苗床施入腐熟农家肥 3~5 kg,硝酸铵 40~50 g,过磷酸钙

100～150 g,硫酸钾(或氯化钾)20～30 g,硫酸锌 3～4 g。按耕翻→施肥→碎土的程序进行,再翻锄 3 次(深度为 10～15 cm),将所施肥料与 10～15 cm 深的表土充分搅拌均匀,否则易产生肥害。床土细而无杂物,结合理墒备土过筛,以备播种后盖种使用。

3. 开沟理墒

一般畦宽 1.2～1.4 m,埂(沟)宽 0.4～0.5 m,育秧期间风大物燥、地势高的苗床,畦面宜低于埂 5 cm,呈低畦高埂型,畦长随地势而定,在苗床四周开好围沟,沟深 30 cm 以上,以保证排水良好。地下水位高的地块或空气湿度大的地方,宜采用高畦低埂型,即畦面高于埂面 5～10 cm,埂变为沟。

4. 浇水

浇透底水至床面有明水为止(切忌灌水淹畦或沟内放水浸畦),如畦面不平,可用木板轻轻压平,待播种。

(四)播种覆膜

浇透底水、压平床面以后,播种程序是:播种→压平→覆土→化除→盖膜。当昼夜平均温度稳定通过 5～6 ℃即可进行水稻苗床播种。

1. 播种量(精选后的种子)

大苗移栽,常规稻每平方米秧床播 60～65 g,杂交稻 25～30 g;中苗移栽,常规稻每平方米秧床播 70～100 g,杂交稻 35～50 g;小苗移栽,常规稻每平方米秧床播 120～130 g,杂交稻 50～70 g。

2. 播种方法

均匀撒播,然后轻按压,使种子三面入土,覆过筛细土 0.5～1.0 cm 厚。一定要覆盖均匀,种子不能露出土外,但也不能盖土太厚,否则,秧苗细弱。

3. 化除及防治地下害虫

每平方米用呋喃丹 4 g 和二嗪农 0.3 g 或杀草丹 0.4～0.6 g,兑水 1 kg 喷雾,防治地下害虫和除草。

4. 覆膜

先覆一层地膜,再每隔 0.5 m 插一竹条,竹条高 0.5 cm 左右,上覆塑料棚膜,膜要压严。如在已建好的大棚内育苗,覆完地膜即可。

(五)秧田管理

(1)播种至出苗期应采取保温、保湿措施,以保证出苗整齐、一致。

(2)出苗至一叶一心期最适温度是 25～28 ℃,不能超过 30 ℃。秧苗出齐后,撤除地膜,同时要通风炼苗。通风以棚膜开口大小调节床温。此期一般不浇水,控制土壤水分,以促进根系发育。

(3)一叶一心至二叶半期秧苗容易徒长,温度应严格控制在 20～25 ℃,严防高温烧苗。水分管理上,如果早晨叶尖不吐水珠或水珠很少,中午叶片打卷,应及时浇水,并一次浇透,切不可少量勤浇。一叶一心期,喷敌克松 1000 倍液,每平方米 2.5～3.0 g,以防立枯病。

(4)二叶半期至起秧这一阶段的主要任务是进一步提高秧苗素质,加强炼苗,为插秧做准备。在温度管理上,要严防高温烧苗和使秧苗徒长,棚温控制在 20 ℃,棚膜逐步做到昼揭夜盖。当出现缺水现象时立即浇水,仍然采取一次浇透的原则。在插秧前 5～7 d,当外界温度高于 7 ℃时,要昼夜揭膜,使之适应外界环境。秧苗二叶半期,发现脱肥的苗床每平方米用尿素 1.5～2.0 g,硫酸锌 0.25 g,稀释 100 倍液根外追肥。带土移栽的,起苗前每天每平方米追磷酸氢二铵 150 g;拔秧移栽的,拔秧前 5 d 左右,每平方米追尿素 1.5～2.0 g,稀释 100 倍液,做送嫁肥,追肥后浇水。

五、思考题

(1)除旱育秧技术外,水稻还有哪些育秧技术?各自的特点是什么?

(2)为什么浇透底水时不能灌水淹畦或沟内放水浸畦?

实训三　小麦播种技术

一、实训目的

(1)了解小麦播种前的准备内容。

(2)掌握小麦播种技术要点。

二、内容说明

小麦是世界上总产量第二的粮食作物,仅次于玉米,而稻米则排名第三,由于其用种量大等原因,现生产上一般采用直接播种技术。

三、主要仪器设备及用具

(1)实训材料:小麦种子。

(2)主要仪器及用具:锄头、耙子、水桶、皮尺等。

(3)药品试剂:种子包衣剂、辛硫磷、多菌灵、福美双、拌种双等。

四、操作步骤与方法

(一)整地

秋收后要及时腾茬整地,深耕细作,一犁多耙,实现土碎地平,上虚下实。若利用旋耕机整地,耕后一定要耙透耙匀,压实土壤后再播。

（二）施种肥

小麦种肥以氮磷配合效果最好。一般肥力土壤，每公顷施磷酸氢二铵 75～120 kg，硫酸铵 45～60 kg，尿素 22.5～30 kg。缺钾地块可酌施钾肥。

（三）种子处理

小麦播种前用 40％拌种双可湿性粉剂按种子质量的 0.2％拌种，或用 50％多菌灵按种子质量的 0.3％拌种，也可用两种药剂各按种子质量的 0.15％混合拌种，防治腥黑穗病、散黑穗病及根腐病；用 50％福美双与 50％多菌灵，各按种子质量的 0.2％混合拌种也可防治腥黑穗病、散黑穗病及根腐病。拌种时要混拌均匀，拌种后堆放 24 h 再进行播种。

（四）播种期确定

我国小麦分为冬小麦和春小麦，以冬小麦为主。冬小麦于每年 9—10 月播种，于次年 5—6 月收获；夏播多为每年 5—6 月播种，9—10 月收获。当前，四川小麦品种以春性为主，据多年播期试验和生产实践，四川北部地区春性小麦品种最佳播期在 10 月 25 日—11 月 6 日，弱春性品种或海拔较高的地区可适当提早 3～5d。

（五）播种量计算

$$播种量(kg/hm^2) = \frac{每公顷计划基本苗数 \times 千粒重(g)}{发芽率(\%) \times 田间出苗率(\%) \times 10^6}$$

（六）种植方式

(1)等行距条播：一般田间用 17 cm 等行距机器播种，肥力较高，特别是高产的地块因为通风透光条件的改善，亦可将行距加大到 20～24 cm。这种方式的优点是行距较窄，单株营养面积均匀，能充分利用地力和光照，植株生长健壮整齐，对亩产 350 kg 以下的产量水平较为适宜。

(2)宽窄行条播：也称大小垄，优点是既保证了密度，田间通风、透光较好，又便于田间管理。这种方式一般在高产区使用。一般采用窄行 15 cm、宽行 20～24 cm；高产田可采用窄行 15 cm、宽行 30～33 cm。

(3)宽幅条播：行距和播幅都较宽，条播 7 cm，行距 20 cm(也可以是 23 cm)。优点是减少断垄，播幅加宽，种子分布均匀，改善了单株营养条件，有利于通风、透光。

不管哪种种植方式，小麦播种深度均以 3～5 cm 为宜，播种后镇压。

五、思考题

(1)为什么小麦播种后需要镇压？

(2)为什么小麦杂交种的应用没有水稻和玉米广泛？

实训四　玉米直播技术

一、实训目的

(1)了解玉米直播前的准备内容。
(2)掌握玉米直播技术要点。

二、内容说明

玉米直播可确保种植密度,保证苗齐、苗全、苗壮,省力省工,增加玉米产量,因此玉米直播是农民喜欢的播种方式之一。

三、主要仪器设备及用具

(1)实训材料:玉米种子。
(2)主要仪器及用具:锄头、耙子、水桶、皮尺等。
(3)药品试剂:种子包衣剂、辛硫磷、多菌灵、福美双、拌种双等。

四、操作步骤与方法

(一)品种选择
选择适宜当地种植的优良推广品种。

(二)播种方式
(1)等行距种植。种植行距相等,一般为 60~70 cm,株距随密度而定。
(2)宽窄行种植。也称大小垄种植,行距一宽一窄,宽行 80~90 cm,窄行 40~50 cm,株距随密度而定。

其播种密度为 4.5 万~6 万株/hm²,肥水条件好的高产田,可采用适宜密度的上限;一般田可采用适宜密度的中、下限,具体密度依品种确定。

(三)开沟
用锄头开沟,沟宽 15~20 cm,深 3~5 cm,注意一定要沟宽均匀,沟深一致。

(四)施种肥
种肥的施用量,施用硫酸铵一般每亩以 4~6 kg 为宜(其他氮素化肥可按含氮量计算),施用过多,容易妨碍种子发芽、出苗。或施用腐熟的人畜粪尿 250~500 kg。种肥用钾肥,每亩可用硫酸钾或氯化钾 5~7.5 kg。种肥施用磷肥,每亩可施用过磷酸钙 7.5~15 kg。如果是氮、磷、钾化肥混合施用或以复合化肥作种肥,其用量比单施要少。种肥的施用方法,一般以集中条施或穴施较好。

(五)浇水
一般采取穴施,1~2 kg/穴。

104

(六)播种

(1)播种期的确定。当土壤表层 5～10 cm 深处温度稳定在 8～10 ℃时开始播种为宜，播种过早、过晚，对春玉米生长均不利。

(2)播种量：

$$播种量(kg/hm^2) = \frac{公顷计划保苗株数 \times 百粒重(g)}{发芽率(\%) \times 净度(\%) \times 10^5 \times 田间出苗率(\%)}$$

(3)播种方法：玉米籽粒较大，常用点播法，每穴 3～4 粒，播种深度 3～5 cm，要求播量准确，撒种均匀。播种完成后农具或人工覆土，厚 3～4 cm，覆土要严实。

五、思考题

(1)有哪些措施可使直播玉米出苗快而整齐？

(2)在你家乡，玉米栽培是直播较多还是育苗移栽较多？分析其原因。

实训五　玉米肥球育苗技术

一、实训目的

(1)了解玉米育苗的常用技术。

(2)掌握玉米肥球育苗技术要点。

二、内容说明

玉米肥球育苗具有节种、节膜、节支的投入特点，早育、早栽、早熟的生长优势，抗寒、抗旱、抗倒的抗灾功能，增产、增收、增效的综合效益。一般育苗移栽用种 1～1.5 kg，直播一般用种 3 kg 以上，且一般可实现亩增产 50 kg 以上。

三、主要仪器设备及用具

(1)实训材料：玉米种子。

(2)主要仪器及用具：锄头、桶、竹片、薄膜、洒水器等。

(3)药品试剂：农家肥、清粪水、过磷酸钙、草木灰等。

四、操作步骤与方法

(一)苗床选择

苗床选择在背风向阳、管理方便、距大田近的田角地头或房前屋后，不要在风口或渍水地方建床，要求苗床地势平坦。每亩大田按 3500 株计算，苗床面积每亩需 8～10 m²。苗床宽视薄膜规格而定,2 m 宽的膜可做 1.5 m 宽的苗床。

(二)营养土配制

营养土一般按两份肥土和一份农家肥配制。每亩用塘泥土、菜园土、山坡表皮肥土等 500 kg,细碎腐熟优质农家肥 250 kg,过磷酸钙 20 kg。

配制营养土要注意以下四点:一是不能掺尿素等化学氮肥,以免烧芽烂根不出苗;二是不能掺黄土和煤渣,以免形成死黄泥坨,影响扎根发苗;三是不能用未腐熟的猪、牛粪,以防烧苗伤根;四是不能掺谷壳、麦麸,以防鼠害伤苗损种。

(三)肥球制作

制肥球前一天,先将泥土和优质农家肥拌匀,再用稀粪水和浸泡的磷肥水边浇边拌,调制成手握成团,落地即散的营养土,然后堆积密封起来。做肥球时,将配好的营养土做成重约 200 g 的肥球,肥球做到大小、高矮均衡,边做肥球边摆进苗床,床土要铺平,并要摆齐、摆匀,使肥团高矮一致,表面平整。

(四)播种

播种前 3 d 左右,用 40 ℃的温水浸种 24 h,然后将吸胀的种子放在既保温又透气、四周垫有稻草的箩筐里催芽,第一天淋 25～30 ℃的温水 2～3 次,保持种子湿润,待种子开始萌动发芽时播种。播种时,将催芽至粉嘴的种子放入肥球播种孔内,每个球播精选种子 1～2 粒。播后将肥球紧靠排好,用细泥土填满肥球间空隙,并均匀覆细土 2 cm 左右,然后喷洒适量清水。

(五)盖膜开沟

播种后,立即用竹片插弓盖膜保温,做到随播随盖,薄膜封边时,要边封边开沟,用开沟土压膜,形成围沟,一般沟宽 33.3 cm,深 16.7 cm,做到排明水,滤暗水,降低苗床湿度,促进壮苗早发。

(六)苗床管理

苗床管理重点是保持适宜的温度、水分和空气。播种后一周左右内,一般不揭膜,膜内温度保持在 30～35 ℃,当出苗达 80%左右时,床温应控制在 20～25 ℃,如晴好天气,床温超过 30 ℃,揭开两头膜通风降温,以防高温烧苗或形成高脚苗,幼苗出齐后,逐渐扩大通风口,炼苗促壮。一般晴天上午 8:00 左右揭膜,下午 4:00 以前盖膜封口,移栽前 3～4 d 揭膜炼苗。保持苗床水分,以肥球泥土不发白为准,若发现干燥缺水,应及时喷水,防旱保苗。

五、思考题

(1)除肥球育苗技术外,玉米还有哪些育苗技术?各自的特点是什么?

(2)肥球育苗的技术关键有哪些?

实训六 油菜育苗技术

一、实训目的

(1)了解油菜育苗的必要性。

(2)掌握油菜育苗技术要点。

二、内容说明

油菜育苗移栽是油菜栽培的主要种植方式,农谚说:"秧好三分收,苗差一半丢。"因此培育壮秧是油菜夺高产的基础。而油菜壮秧的标准归纳为"3个6",即6张绿叶、苗高6寸、根茎粗6 mm。

三、主要仪器设备及用具

(1)实训材料:油菜种子。

(2)主要仪器及用具:锄头、耙子、桶、皮尺等。

(3)药品试剂:尿素、过磷酸钙、硼肥、人畜粪、各种农药等。

四、操作步骤与方法

(1)苗床选择。选用土质肥沃疏松、地势平坦、灌排方便、靠近本田,上年未种过油菜或其他十字花科作物的田土作苗床。大田按1∶(5~6)备足苗床。

(2)苗床整理。苗床地播种前耕整2~3次,播种前精细整地,开沟作畦,并结合整地,均匀施肥,使土肥相融。一般每亩苗床施人畜粪30~40担,尿素10~12 kg,过磷酸钙40~50 kg、硼肥1 kg作底肥。禁止使用油菜或其他十字花科作物秸秆沤制的农家肥作苗床底肥和盖籽肥。苗床按1.5 m开厢,厢面宽1.2~1.3 m,沟宽18~25 cm,沟深10 cm左右,苗床四周沟深30 cm以上。

(3)育苗时期。按品种要求确定育苗期,一般海拔500m以下地区,早熟种9月20—30日、中熟种9月15—25日播种育苗,海拔500 m以上地区提早7~10 d播种育苗。

(4)播种育苗要求。每亩苗床播种300~400 g,掺和适量细土或草木灰或炒熟的菜籽分厢均匀撒播。播后用清粪水淋透厢面,再用细土或草木灰薄盖厢面,最后平铺秸秆覆盖保湿,出苗后及时揭除覆盖物。

(5)苗床管理。出苗前苗床过干或遇干旱要及时浇水抗旱。出苗后重点做好间苗、定苗、施肥、除虫。一叶一心时开始匀苗,3叶时定苗,每平方米厢面定苗60~70株;匀苗同时扯除杂草。定苗后每亩施尿素2~3 kg,兑清粪水1200~1500 kg作断奶肥,及时防治菜青虫、蚜虫、蟋蟀等;移栽前5~7 d,用治虫农药加0.5%尿素混喷作送嫁肥;起苗前用清水淋透厢面松土,尽量带土移栽。

五、思考题

(1)油菜有哪些类型？各有什么特点？

(2)油菜育苗技术关键有哪些？

实训七　马铃薯播种技术

一、实训目的

掌握马铃薯播种技术要点。

二、内容说明

马铃薯原产于南美洲安第斯山区,属茄科多年生草本植物,块茎可供食用。人工栽培历史最早可追溯到公元前8000—前5000年的秘鲁南部地区。马铃薯主要生产国有中国、俄罗斯、印度、乌克兰、美国等。中国是世界马铃薯总产量最多的国家,2015年,中国启动马铃薯主粮化战略,把马铃薯加工成馒头、面条、米粉等主食,推进马铃薯成为稻米、小麦、玉米外的又一主粮。

三、主要仪器设备及用具

(1)实训材料:种薯。

(2)主要仪器及用具:锄头、皮尺、刀子等。

(3)药品试剂:土杂肥、粪水、过磷酸钙、消毒剂(如75％酒精、0.2％升汞水、5％石炭酸、0.1％高锰酸钾等)。

四、操作步骤与方法

(一)种薯的选择与处理

(1)选种。选择无病虫、无冻害、表皮光滑、新鲜、大小适中的薯块作种薯。病薯、烂薯、畸形薯及芽眼突起、表皮粗糙、龟裂等薯块均不宜作种薯。根据试验,在一定范围内,种薯大小与最后产量成正比。小种薯所含营养物质少,植株长势弱,更有少数从退化株、病株或中途死亡的植株上收获的小薯,不但退化严重,而且容易传染病害,但若都选大薯块作种,用种量大,成本高,因此一般选50～100 g大小的薯块为好。如种薯不足,也不应低于15 g,即每亩125～150 kg。丰产地可选用300 kg以上。

(2)晒种。将入选的马铃薯种薯摊开晒2～3 d,每天晒3 h左右,并经常翻动。

(3)切芽块。用消毒水(75％酒精)浸泡过的锋利的切薯刀切种薯,使切口平滑,每块有芽眼2～3个。值得注意的是,马铃薯芽眼的萌发具有明显的顶端生长优势,即密集在顶端的芽眼首先萌发,生产上为了促使提早发芽和发芽一致,提倡将薯块纵切,平分顶芽,如果薯块大,一个马铃薯需要多次分割时,也应尽量利用靠近顶端的芽。薯种随切随用,以防堆积。

(4)消毒。将切好的种薯块放入 0.1‰高锰酸钾液药浸 5 min 捞出备种,也可用熟石灰或草木灰沾切口。

(二)土地选择

选择阳光充足、地下水位低、排灌方便、土层深厚、质地疏松、排水透气性好、肥力中等以上的沙壤土田块种植。

(三)整地

整地时期依前作不同,略有早迟,但应力争早耕,一般耕深以 23～24 cm 为宜,有条件的地区可深耕到 33 cm。播种前 6～7 d 再细耙。在排水良好的地方栽植马铃薯,一般不必作畦起垄,排水较差的地方要起垄,一般垄宽 1.2 m,垄高 0.3 m,沟宽 0.3 m,垄向与排水方向平行。田周要开沟,田中间开十字沟以利于排积水。

(四)施底肥

每亩用 2000～2500 kg 的土杂肥加粪水堆沤或每亩用 1000 kg 的猪、牛粪加过磷酸钙50 kg堆沤充分腐熟作基肥全层施或穴施。

(五)播种

(1)播种时间。2—3 月播种春马铃薯,8—9 月播种秋马铃薯,12 月中旬至 1 月初播种冬马铃薯。

(2)种植规格。行距 0.3 m,株距 0.2 m,每垄种植 3 行,按"品"字形开穴。

(3)种植方法。每穴种一块种薯,芽眼向上、按实,轻盖 3～5 cm 的细土。播种结束时将余下的种薯假植在畦边备用以利补苗。

五、思考题

(1)调查当地马铃薯播种技术要点。

(2)为什么马铃薯栽培中底肥施用非常重要?

实训八　烟草漂浮育苗技术

一、实训目的

掌握烟草漂浮育苗操作技术要点。

二、内容说明

烟草漂浮育苗也称营养液育苗,它是目前世界上比较先进且应用最为广泛的烟草育苗技术。其原理是将烟草种子直接播在装满生长基质的育苗盘上,进而将育苗盘漂浮在盛有营养液的池中,烟苗在营养基质中扎根生长直至成苗,且烟苗生长所需的养分和水分均由营养液提供。

三、实验材料及用具

(1)实验材料:烟草包衣种子。

(2)主要仪器及用具:漂浮育苗专用基质、160孔聚苯乙烯漂盘、空心砖或砖块、白色塑料薄膜(无滴膜,0.1 mm)、黑色塑料薄膜(0.15 mm厚)、拱棚架(钢筋或竹条)、遮阳网、洒水壶、铁锹等。

(3)药品试剂:肥料、杀菌剂、杀虫剂等。

四、操作步骤与方法

(一)漂浮育苗设施

1.育苗棚

为抵御外界不良环境影响,并防止害虫迁入危害,漂浮育苗一般都在温室和塑料棚内进行。可调控的温室成本较高,只能在有条件的地区采用,目前我国烟草生产主要采用塑料大棚、塑料中棚和塑料小棚。

(1)棚地的选择及周边设施。

① 棚地的选择。

应选择地势开阔、平坦,四周无高大树木和建筑物遮阳,适当通风向阳,地下水位低,有洁净水源和电源,交通便利又不太靠近公路,远离村庄和烤房,空气无污染、无大量扬尘和有害气体的地方搭建育苗场地,以防传染病虫害。分散育苗的烟农可把育苗棚建在烟田地边,以方便移栽。条件允许的情况下,小棚苗床地最好一年一换。不能更换育苗场地的棚群,在育苗前要严格按照程序进行消毒。

② 周边设施。

为保证育苗安全,育苗区域最好修建以下设施。

隔离带:苗床周围用铁丝网、木桩等进行围护,除管理人员外,严禁闲杂人员及畜禽进入,以防传播病虫害。

警示牌:在育苗区域设立严禁吸烟的警示牌。

参观棚:在面积较大的育苗区域,单独设立参观棚,减少病原传播的几率。

消毒池:育苗区域入口处设鞋底消毒池,用消毒液或漂白粉进行消毒,定期更换消毒液。育苗棚外设立洗手池。

病残体处理池:在育苗区域外建造处理池或焚烧炉,对剪叶时的烟苗残体和病残株集中处理。

(2)育苗棚的建造。

① 塑料大棚。

塑料大棚宜采用南北向,大棚由棚架、棚膜、通风窗门等组成,一般宽6~12 m(竹木结构的棚一般宽为3.6 m,高2.4~2.8 m,长由育苗数量及地形决定)。棚架由钢管、薄壁轻型管或高强度的复合材料制作;棚膜要求透光率高,保温性强,抗张力、抗农药化肥的能力强。一般选用厚0.10 mm的聚氯乙烯塑料膜或无滴长寿膜。大棚两侧设通风窗,通风窗离地面的高度为 0.5～1 m,门位于大棚两端,高 2 m 左右,宽 1～2 m。为减少虫害,通风门窗都应设防虫尼龙网。

② 塑料中棚。

中棚建造标准:长 11.2 m、宽 3 m、拱高 1.8 m,棚内建两个标准苗床,两厢合一棚,128 盘,供移栽面积 1.1 hm²,其他同塑料大棚。

③ 塑料小棚。

由于我国烟草生产是分散在千家万户的,集中统一育苗是烟草生产走向集约化的必由之路。但在目前,分散到每个农户家的小棚育苗在一定时期内仍可能是主要的育苗方式。

小棚育苗的棚高一般为 0.7～1 m,宽 1～2 m,长随选择的地形而定,棚架的间距为 0.5～0.7 m。搭棚所用的材料可就地取材,钢筋和竹条均可。棚架搭好后,用厚 0.1 mm 的聚氯乙烯塑料膜或无滴长寿膜覆盖。小棚可根据情况采用两侧通风或两头通风。对于不太长的小棚可采用两头通风,两侧的薄膜可固定,在气温高时揭开两头的膜通风。如果是较长的小棚,两头通风达不到降温的效果,只能采用两侧通风,将两头固定,两侧可将膜部分揭开通风。棚上可用与拱架平行的绳子或竹条压膜固定。在有条件的地方或虫害严重的地方,采用小棚育苗也必须加防虫网。

2.育苗池

育苗池也称漂浮床,用于装营养液,育苗盘移到池中漂浮在营养液表面,池中的营养液通过毛细管作用上渗到基质中供烟苗生长需要。我国的漂浮育苗池主要有永久性固定池和一次性池两种方式。前者用水泥、砂浆和砖按一定的尺寸垒成,其底部和四周都要求用水泥处理后不漏水,可多年使用。一次性池四周用黏土或砖块垒成,底部铺上沙或细土,然后用较厚的塑料薄膜铺在池内起到防漏的作用,育苗结束后取走薄膜和其他材料即可种植其他作物,但注意将塑料薄膜紧贴池底平铺,四周固定在池沿上,保证水位深度一致,严密不漏水。有条件的可在池中或覆膜下埋设加热装置,用于控制营养液温度。

育苗池的规格受漂浮盘、塑料棚或温室的大小,育苗管理操作空间等多方面的影响。为了管理、操作方便,育苗池深度一般为 15～20 cm,育苗池的宽一般不超过育苗盘三个盘的长度或四个盘的宽度。长和宽根据地点和育苗盘大小而定,一般长宽比例超过 4:1。育苗池的宽度可比实际放入的育苗盘总宽度大 3～5 cm,长度可比实际放入的育苗盘的长度大 5～10 cm。这样可方便育苗盘的取放,但过长过宽,会造成放满育苗盘后的孔隙过大,育苗池中蓝绿藻大量滋生,影响烟苗的生长。一般情况下,为了保证育苗的质量,避免由于管理不善引起病害而造成过多的危害,建议育苗池不宜建得过大,一个育苗棚由多个育苗池组成较好。一般以放置 64 个漂浮盘为宜。四川凉山烟区,一个育苗池称一个标准厢,一般长 11.15 m,宽 1.13 m,垾高 10～12 cm,可放 64 个漂浮盘,每个育苗池之间有 50 cm 左右的走道。

制作育苗池时有严格的要求:首先,要求地面平整,池底水平差应小于等于 2 cm,以免池内的营养液深度不一致;其次,池底无尖锐硬物如石子、树枝、草根等杂物,以免划破铺垫于育苗池底的塑料膜,造成营养液的渗漏;最后,最好用整块完好的新塑料膜铺垫,不能用旧膜铺,也不能几块膜拼接,否则容易造成漏水。

3. 育苗盘

育苗盘是漂浮育苗的主要设备,育苗盘由聚苯乙烯经模具压制而成,其特点是质量轻,漂浮能力强,支持性能好,易于运输,它起装盛基质、使基质和烟苗漂浮在营养液表面生长的作用。一般育苗盘的大小为 66.5 cm×34 cm×(5～10) cm,育苗盘上一般均匀分布 100～300 个锥形孔穴,小穴上口径大,下口径小,其体积与小穴的数量和盘的厚度有关。对于外形尺寸相同的育苗盘,孔穴的数量越多,小穴的体积越小,单位面积育成的烟苗数量越多,苗床利用率越高。生产上使用的育苗盘的规格有 128 孔、162 孔、200 孔、288 孔等,如果采用一次性成苗的育苗方式,多用 128 孔、162 孔和 200 孔的育苗盘,而如果采用二次成苗的育苗方式,则采用 288 孔的育苗盘。孔穴过少,虽然能提高烟苗素质,但成本过高;孔穴过多,烟苗之间距离太小,烟苗长势瘦弱,不利于培养壮苗。四川凉山烟区从 2002 年开始选用 160 个苗穴的育苗盘,每盘为 160 苗穴,苗盘长 55 cm,宽 34.7 cm,高 6 cm,每穴容量 27 cm^3。

漂浮育苗盘使用前要先用清水清洗,再用 10％的次氯酸钠溶液浸泡或用溴甲烷密闭熏蒸后方可使用。苗盘使用完毕,用水洗涤后,再用次氯酸钠溶液浸泡、清洗,保存于避光、干燥处,注意防鼠咬,保存得当,一个育苗盘可重复使用 5～6 年。

4. 基质

基质是漂浮育苗中用以固定烟苗的固形不含土壤的物质,它兼有吸附营养、改善根际透气等功能。基质选择的好坏对漂浮育苗成功与否至关重要,基质是漂浮育苗的核心,育苗是否成功,关键在基质,国外和国内研究单位申请专利保护的部分就是基质配方。

(1)基质的要求。

基质是漂浮育苗的关键材料。一般情况下,基质以富含有机质的材料为主,如泥炭、草炭、炭化或腐熟的植物残体,再配以适当比例的疏水材料,如蛭石、膨化珍珠岩等。有机质材料对基质的吸水、保水有利,而轻质材料则改善基质的通气条件。从理论上讲,基质的上述物理特性由基质材料中有机质含量、基质颗粒直径、基质的容量、总孔隙、毛管孔隙、非毛管孔隙决定。基质的选择主要应注意以下几点。

① 质地轻。

② 基质要有良好的物理性质:容重小于 1,总孔隙度大于 60％,其中大孔隙度占 20％～30％。

③ 基质要有稳定的化学性质:基质溶出物不能危害烟苗生长,不能含有对人体有毒的物质,不能与营养液的盐类发生影响烟苗正常生长的化学反应,不能使 pH 上升到使烟苗发生生理障碍的程度,对盐类要有一定的缓冲能力。

(2)基质的配制。

以草炭、蛭石、膨化珍珠岩配比,其体积比例以草炭 60％～70％,蛭石和膨化珍珠岩各占 15～20％为宜,达到容重 200～300 kg/m^3,草炭比例低于 40％,毛细管吸水、保水能力下降,基质偏干燥,烟苗容易脱肥,不利于出苗和幼苗生长;草炭比例高于 80％,则种子萌发后,基质中空气太少,水分过多,根系发育不良,易造成幼苗根系缺氧死亡。

在保证育苗效果的前提下,基质材料应就地取材,降低成本。其中,有机质材料更可以因地制宜地开发利用,如草煤、泥炭、草炭、甘蔗渣、炭化谷壳及高温腐熟的麦秸、玉米秆、花生壳等。下面选列几种经国内试验的基质配方。

① 70％泥炭＋15％蛭石＋15％膨化珍珠岩。

② 30％炭化稻壳或玉米芯＋40％腐殖土＋20％蛭石＋10％膨化珍珠岩。

③ 40％高温脱毒锯末＋30％腐殖土＋15％蛭石＋15％膨化珍珠岩。

④ 60％～70％草炭＋15％～20％蛭石＋15％～20％膨化珍珠岩(体积比)。

⑤ 70％炭化(或腐熟)麦糠＋15％蛭石＋15％膨化珍珠岩。

(3)基质的加工。

① 将植物秸秆(玉米秆、稻草、麦秆等)粉碎(粒径为 3～5 mm),加水拌匀,用塑料薄膜盖严堆捂,让其自然腐熟(或加入秸秆腐熟剂,缩短腐熟的时间)变为深褐色;腐熟至嗅到氨气挥发气味即可。将腐熟好的秸秆粉碎物摊开晒干备用。

② 将草炭粉碎(粒径 3～5 mm)、晒干备用。

③ 播种前约 10 d 将各种配料按比例混合,兑水拌匀,用斯美地或溴甲烷熏蒸消毒,一周后揭膜摊开,通风 1～2 d 即可。

5.营养液

营养液作为烟苗生长的养分和水分来源,首先要考虑它的营养元素种类、形态、比例和浓度等,其次是用于配制营养液的水源。

水源是漂浮育苗中的一个重要因素,比较理想的水源是深井水、经过处理或过滤的自来水、山泉水、河水,禁止用坑塘水和污染的沟渠水,以防黑胫病、藻类等危害。水质影响烟苗生长的主要因素为 pH 值,pH 值以 6.5 为最佳,过高的 pH 值将导致某些元素无效化,烟苗表现缺素症,同时造成水池中氨积累,对烟苗产生危害。另外,水源中某些元素缺少或富积同样对烟苗生长不利。

从理论上来说,营养液应包括植物生长所需的全部元素(包括大量元素和中微量元素),即所谓全营养液。但由于许多元素如钼、铜、铁、锰等烟苗需要量极少,而且铁、锰过多,管理不善很容易引起烟苗根部氧化还原电位降低,影响烟苗的生长。基质中的有机部分(草炭、秸秆)所含的中微量元素已经基本可满足烟苗的正常生长,因此,营养液中只要含有氮、磷、钾三大元素即可满足烟苗生长需求。氮素以硝态氮和铵态氮源配比(6:4)较好,最好不用尿素,因为如尿素氮比例超过总氮量的一半,产生的亚硝酸根将影响烟苗生长。单独使用硝态氮易使基质的 pH 值升高,单独使用酸式碳酸盐易使基质的 pH 值降低,这些对烟苗生长不利。所以,选择铵态氮和硝态氮平衡的肥料最好。氮磷钾比例以 1:0.5:1 为宜。不论采用全营养液还是复合肥,施肥浓度原则上是营养液的总盐分不能超过 0.3％。为便于群众掌握和计算,可直接采用氮磷钾比例为 15:7:15 或者 15:15:15 的复合肥。施入育苗池中的肥料在池中要混合均匀,可分多个点施入池中。一般在烟苗生长的整个过程中施 3～4 次肥料,在烟苗出齐后第一次施肥(氮浓度为 50 mg/kg 的营养液),小十字期(20 d 左右)施第二次肥(氮浓度为 100 mg/kg 的营养液),大十字期(30 d 左右)施第三次肥(氮浓度为 100 mg/kg 的营养液),最后两周(成苗期)根据烟苗长势施第四次肥(氮浓度为 50 mg/kg 的营养液)。具体的施肥时间可根据烟苗的生长情况而定。施肥后营养液的 pH 值应保持在 5.5～6.5,如果营养池中的 pH 值过低或过高,都要及时进行调节。

(二)管理技术要点

1. 消毒

漂浮育苗是培育无毒苗的一种主要方法,但一旦烟苗感染了病害,漂浮液、剪苗器械又将成为病害的主要传播途径,危害更大。因此,做好育苗前的基质、育苗盘、育苗池和育苗棚的消毒工作极为重要。

(1)基质消毒。

基质的消毒方法较多,一般在有条件的基质厂可采用高温消毒的方法,这种方法不污染环境,而且在高温条件下杂草、病害和虫害都得到较好的清除。其次采用斯美地熏蒸消毒,这种方法熏蒸时间较长,一般要熏蒸 7 d,然后打开通风 2～3 d 后才可装盘播种。也可采用喷洒广谱型的杀虫剂和杀菌剂,堆捂 24 h,打开通风 24 h。

(2)育苗盘消毒。

新使用的育苗盘不需进行消毒。重复使用的旧盘在育苗前一周(最多不超过 15 d)必须消毒。育苗盘的消毒很简单,先用清水(最好有高压水枪)将旧盘孔穴中的基质、烟苗残根等彻底冲刷干净,然后参考如下方法之一进行消毒。

① 漂白粉溶液消毒。

用清洁水配制含 30% 有效氯的漂白粉 20 倍液,将育苗盘浸入贮液池中浸泡 15～20 min,或浸入后捞起整齐地堆码在垫有塑料薄膜的平地上放置 20 min,然后用清水将育苗盘冲刷干净备用。

② 二氧化氯消毒。

配制 1∶100 的二氧化氯溶液,于通风处按产品使用要求将 20000 mg/kg 单位浓度的二氧化氯原液与适量的活化剂柠檬酸(二氧化氯原液与活化剂柠檬酸配比为 10∶1)在塑料容器(忌用金属制品)中混合均匀,混合时间在 15 min 内为宜;将加入活化剂的二氧化氯原液按 1∶100 的浓度加水稀释;将稀释后的二氧化氯溶液均匀充分地喷洒在盘面和孔隙内,每盘喷施量约 200 mL;然后将育苗盘整齐堆码在干净薄膜上,密闭 48 h 后用清水将育苗盘冲刷干净备用。

③ 40% 育宝 200 倍液消毒。

将原药用清水稀释成 200 倍液,将育苗盘浸入消毒液中,轻微摇动育苗盘,使育苗盘表面无气泡,即可提起沥干,放置备用。此外,也可将稀释好的溶液均匀喷雾于盘面,覆盖塑料薄膜熏蒸 7 d。

④ 其他消毒方法。

可用 0.1%～0.5% 的高锰酸钾,或用 0.1%～1% 的硫酸铜浸泡 4 h 以上。也可采用 1%～2% 的福尔马林液喷洒后用塑料布覆盖熏蒸 24 h。同样可以采用喷洒广谱型的杀虫剂和杀菌剂进行消毒。

由于育苗盘对消毒液有一定的吸附作用,消毒后一定要用清水冲洗干净。消毒后的育苗盘在运输、保管过程中不应接触任何烟叶制品,以确保不被污染。

对隔年重复使用的育苗物资和器械(棚膜、防虫网、播种器、剪叶机等),同样可参照育苗旧盘消毒方法进行消毒。

(3)育苗池消毒。

漂浮育苗由于每年都采用新的塑料薄膜,因此对育苗池的消毒要求不严格,但也要采取一些消毒措施。可采用斯美地熏蒸,也可采用喷洒广谱型的杀虫剂、杀菌剂和除草剂。

(4)育苗棚消毒。

育苗棚消毒分为两种。一种是塑料小棚的消毒,一种是塑料大棚和中棚的消毒。塑料小棚由于育苗场所不固定,而且是育苗时临时搭建的育苗棚,因此在选择地点上就应注意场地的干净,进行消毒时采用斯美地熏蒸,采用广谱型的杀虫剂、杀菌剂、除草剂均可。对小棚育苗场地进行消毒的最简单、有效的方法就是用火烧,这种方法可一次性地消除草害、病虫害。

塑料大棚和中棚的消毒相对于小棚而言稍困难。由于其常年用于育苗,产生病虫害的几率远远大于塑料小棚,而且不可能采用火烧的方法。因此,塑料大棚和中棚的消毒比小棚更为重要。塑料大棚和中棚消毒的原则是长时间、多次、多种药剂的消毒,消毒时间不少于2周,而且对于曾经发生过病虫害(特别是花叶病)的大棚,如果仍然需要使用,应提前1~2个月开始翻池土、通风、打药进行消毒,一般采用斯美地熏蒸,喷洒广谱型的杀虫剂、杀菌剂、除草剂,用不同的消毒药剂进行重复消毒,尽量将育苗棚发生病虫害的可能性降到最低点。

(5)剪苗器械消毒。

剪苗是培育壮苗不可少的一项措施,也是病害传播的主要途径,因此,剪苗器械的消毒非常重要。剪苗器械的消毒一般采用75%浓度的医用酒精、10%~30%的漂白粉、二氧化氯100~150倍稀释液或育宝100~150倍稀释液浸泡或擦拭剪苗器械后用洁净水洗净刀片。在生产实践中,技术人员也总结出了一些消毒的方法。可采用1千万单位的医用青霉素和链霉素+500 mL水+2 g农用链霉素擦拭剪苗器械,以防止烟草野火病等细菌性病害的传播。

手工剪叶器的消毒:每人准备两把剪刀,轮流剪叶和清洗,保证每把剪刀浸泡消毒时间在5 min左右。

弹力剪叶器的消毒:每剪一盘苗用镊子夹一次性棉球蘸75%的酒精或其他消毒液来回擦弹力线3遍,一个棉球只使用一次,禁止重复使用。

电动剪叶机的消毒:在对育苗棚群剪叶前应彻底清洗剪叶机,然后拆下刀片在消毒液中浸3 min以上,剪叶时每剪完一池苗须用消毒液对刀片喷雾消毒。消毒时,每剪完一个大棚,剪叶机必须进行一次彻底消毒。棚群之间最好固定专用剪叶机,若不得不共用剪叶机,每次使用前和使用后都必须进行一次彻底消毒。若剪叶时苗盘需搬出棚外,宜在40目网纱做的隔离间中操作,以防病虫害侵染。

2.基质装盘

装盘时,选择平整、卫生的场地作为装盘场地,禁止在烟田内装盘。如装盘场地为水泥地,冲刷干净便可,在其他场地上应垫上塑料薄膜。装盘前将基质喷水搅拌,让基质稍湿润,达到手握成团,触之即散的效果(含水量30%～40%)。然后将基质从盘上方约30 cm高处均匀撒落,如此反复,使每个苗穴的基质装填均匀一致,装满后轻墩苗盘1～2次,让基质松紧适中,用刮板刮平盘面至露出孔隔,使盘面整洁光滑,检查并充实未装满基质的育苗孔。装填中切忌拍压基质,以防装填过于紧实。当天装盘的育苗盘要求当天播种,当天尽快放入育苗池。

3.播种

漂浮育苗播种期的确定因时因地而异,苗床期为60～70 d,可根据当地的温度条件于移栽前80～90 d播种,烟草大田的移栽最佳期一般为4月底至5月初,因而漂浮育苗播种期定为1月下旬至2月上旬为宜。播种时,对基质装填后的苗盘,用专用压穴板在每个苗穴的中心位置压出整齐、一致的播种穴,用播种器播入1～2粒包衣种子,用喷壶淋水浇透、浇足,促进包衣种子的及时、均匀裂解,然后均匀筛盖2～5 mm的基质,以隐约可见包衣种子为宜。

4.水分管理

漂浮育苗水分管理的原则是"先少后多"。从播种到大十字期,由于气温较低,池中水量过多常使基质中的温度低于气温,因此池中水量要少,一般水深控制在5～10 cm。烟苗生长进入大十字期后,由于这时气温也在逐渐升高,水分的蒸发加大,营养池中的水深可加到10～15 cm,原则上使育苗盘与池埂平齐时池水深度正好合适。由于烟苗的吸收和蒸发,营养液中的水分也不断减少,需经常补加水分到起始水位。

5.养分的管理

漂浮育苗中烟苗所需的养分都由营养液供给。肥料使用量的计算公式:

$$水容量(L)=育苗池长(m)×宽(m)×水深(m)×1000(L/m^3)$$

$$需加肥料(g)=\frac{施氮肥浓度(mg/kg)×水容量(L)}{育苗专用肥氮素含量(\%)×1000}$$

6.温、湿度的管理

烟草种子的萌发温度必须在10 ℃以上,最低温度为11～12 ℃,最适温度为25～28 ℃,出苗后,幼苗生长的最适温度为18～25 ℃,当温度低于17 ℃或高于30 ℃时生长缓慢,在35 ℃以上的高温时会灼伤,甚至死苗,低于10 ℃时幼苗生长停滞,2 ℃以下就会引起冻害或死苗。因此在漂浮育苗过程中,播种后棚内应采取严格的保温措施,使盘表面温度保持在25 ℃左右,以获得最大的出苗率,并保证烟苗整齐、一致。从出苗到十字期,仍然以保温为主,晴天中午,若棚内温度高于30 ℃,应及时将棚膜两侧打开,通风排湿,下午及时盖膜保温,以防温度骤降伤害烟苗。西南产区若在出苗季节光照过强、空气干燥,可中午加盖遮阳网等覆盖物,并可在苗床上喷水,以降低温度,增加湿度,淋溶基质上层的盐分,保证烟苗出苗率高且出苗均匀、整齐。从十字期到成苗期,随着气温升高,要特别注意掀膜通风,避免棚内温度超过35 ℃产生热害(烟苗变褐死亡)。成苗期应将棚膜两边卷起至顶部,加大通风量,使烟苗适应外界的温度和湿度条件,提高抗逆性。

提高水温行之有效的简便措施就是"晒水、晾盘"。在播种前4～5 d,将池水加到5～7 cm深,盖严棚膜让阳光晒水(水中暂不加育苗营养剂),待水温提高后再放盘入水。在烟苗出苗至大十字期阶段,若出苗较差或盘面湿度过大,白天(有太阳)可将浮盘拿出进行适度晒水、晾盘、晒盘,下午 5:00—6:00 又将盘放回水中,促进尽快出苗,尽快通过小十字期,育苗前期晒水、晒盘次数可多一些,时间不宜过长,成苗后可少一些。

海拔在 1800 m 以上的冷凉育苗区,必须在育苗池黑膜底层铺垫稻草、松针、牛羊粪等材料作保温层(若用生牛羊粪垫底,需要在牛羊粪中加入 1‰浓度的硫酸锌溶液钝化病毒,防治感染病毒病);在极端气候情况下,如霜冻、冰雪等灾害性天气,要及时采取在漂浮盘面上增加覆盖膜、在棚体外增加覆盖物等保温措施;为抵御持续低温天气危害,可喷施抗冻剂——钛土肥,防止苗期出现冻害,同时可防止大田烟株发生早花。施用方法是在从苗期到大十字期,用 800～1000 倍液喷雾,每隔 7～10 d 喷雾一次,喷 2 次。

塑料棚的密闭性好,当温度降低或突然降温时,棚内极易由于湿度过大而结露,在棚顶上形成水滴。水滴落下易击伤烟苗,因此发现这种情况,即使棚内温度已低于 18 ℃也必须开门窗通风、排湿。

7. 间苗、定苗

当烟苗长至小十字期时开始间苗、定苗,按照去弱留壮的原则,间去苗穴中多余的烟苗,同时在空穴上补栽烟苗,保证每穴一苗,烟苗均匀。间苗、定苗时注意保持苗床卫生和烟苗生长的一致性。每次间苗、定苗的前一天应对烟苗喷一次烟草病毒抑制剂,操作时用药用酒精擦手消毒后,再进行操作。

8. 剪苗

剪苗技术性强,操作不当,会起到相反的作用。剪苗的关键:一是剪叶要适时、适度。过早和过度剪叶,可降低烟茎高度,延迟移栽后烟苗的生长,使现蕾开花期推迟;二是清洁和消毒,因为剪苗是病害传播的主要渠道,必须特别注意剪苗器具的消毒和剪叶后残叶的清除。

漂浮育苗剪苗应坚持"前促、中稳、后控"的原则,次数 3 次以上。第一次剪苗的主要作用是"抑大促小留中间",使烟苗生长趋于一致。剪苗时间的选择应视各地气温而定,一般在烟苗"封盘搭荫"(烟苗叶片将育苗盘盘面遮盖,俯视育苗盘时基本已不能看到育苗盘)时进行"平打"剪苗调苗,剪苗程度不超过最大苗最大叶面积的 50%。第二次剪苗根据烟苗长势,一般每隔 5～7 d 剪一次苗。每次剪苗高度以距心叶 1～2 cm 为宜。整个育苗过程进行3～5 次剪苗。每次剪苗后应注意及时清除掉落在盘内的碎叶,同时剪去烟苗下部的老黄叶,使茎秆充分接受光照,增强茎秆的韧性。

剪苗时烟苗叶面要干燥无露水,以利剪后伤口愈合,剪苗时必须做到:在剪叶前一天用毒消 1000 倍或菌克毒克 250 倍、净土灵 800 倍喷洒苗盘全部烟苗,以抑制病毒病的侵染。另外,对于发病或疑似染病苗床,应及时清理染病烟苗,进行药物防治,同时苗床不剪苗。

9. 炼苗

漂浮育苗生产中的烟苗一直生长在良好的水、肥、温度条件下,烟苗生长健壮,如果成苗后不进行炼苗,移栽就不能适应大田环境的要求,抗逆性和抗旱能力较差。通过炼苗可提高抗逆性和根系活力,从而提高烟苗移栽成活率和返苗速度。

烟苗第三次剪苗后应逐步进行炼苗,揭去苗棚薄膜(保留防虫网),加强光照和通风,使烟苗完全接触外界环境,若育苗后期气温较高,可考虑昼夜通风。移栽前 7～10 d,先将池内的营养液放干,换清水(深1~2 cm),揭去拱膜通风晒苗(只盖防虫网),炼苗的程度以上午10:00以后烟苗出现萎蔫,早晚能恢复为宜。若在上午10:00以前烟苗出现萎蔫,而早晚恢复较差就应用喷壶或喷雾器淋少量清水,如此反复,干湿交替炼苗,使烟苗由正绿色变为绿黄色,具有较好的柔韧性,在手指上绕两圈而不折断就达到炼苗的目的。在炼苗中若遇降雨,必须及时覆盖棚膜遮雨。如果在移栽前,不能按时移栽,可延长炼苗时间,此时应注意炼苗与保苗相结合。

五、思考题

简述漂浮育苗的技术要点。

实训九　水稻移栽技术

一、实训目的

(1)了解水稻的各种移栽方式及各自的优缺点。
(2)掌握水稻不同移栽方式的技术要求并熟练操作。

二、内容说明

水稻移栽技术是指一改过去在本田里直接播种的做法,建立育苗秧田,在秧田播种育苗,培育适龄壮苗后,再进行本田移栽的一种水稻栽培形式。按移栽主体,育苗移栽可分为机械移栽和人工移栽,其中人工移栽的优点是能够按人们的意愿,按高产的标准要求进行操作,具有人为控制的优势,容易做到减轻植伤、深度适宜、行直穴匀、不重不漏的作业要求。本实训主要介绍水稻人工移栽技术。

三、主要仪器设备及用具

(1)实训材料:水稻秧苗。
(2)主要仪器及用具:犁头、耙子、绳子、皮尺等。

四、操作步骤与方法

(一)稻田整地

在移栽前根据土地和播种期适时灌水泡田,将土块浸透泡软,在插秧前2~3 d开始洒水耙地,耙地时将水洒成"花达水",便于耙地作业和找平。而后用耙子进一步拖平田面,做到一块田地高低差不过寸,保证排灌均匀,水层一致,利于发挥除草剂的作用。

(二)移栽期的确定

水稻发根的最低温度为14 ℃,分蘖最低温度为15~16 ℃,因此插秧期以日平均气温稳定在15 ℃以上开始插秧较为合适。四川稻区一般在4月下旬到5月上旬进行插秧移栽。

(三)移栽

(1)插秧。插秧分为机械插秧和人工插秧。由于目前各地条件、品种类型等不同,插秧规格也不同。

杂交籼稻区:一般土壤肥力偏上或大穗型品种偏稀,亩植1.2万窝左右;如冈优527、冈优12等品种穗大粒重,宜偏稀种植。而土壤肥力中偏下或穗数型品种偏密,亩植1.5万~2.0万穴为宜。一般宽行窄株按30 cm×13 cm移栽,密度为亩植1.67万穴;或宽窄行(33+20)cm×17 cm移栽,密度为亩植1.50万穴左右。半山杂交粳稻区:一般亩植2.0万~2.5万穴左右,宽行窄株按20 cm×15 cm移栽,确保有效穗25万~30万穗/亩,栽插规格最好是单行移栽,杜绝满天星,每穴3~5株,栽培深度一般不宜超过3.5 cm,只要插稳不倒即可。

(2)抛秧移栽。水稻抛秧移栽技术是20世纪60年代在国外发展起来的一项新的水稻育苗移栽技术,它是将秧苗连同营养土一起均匀撒抛在空中,使其根部随重力落入田间定植的一种栽培法,具有省工、省力、省种子和秧田、操作简单、高产、稳产、高效的优点,是水稻栽培技术的一项重大改革。

① 抛栽密度。就全国范围而言,每667 m² 抛栽密度以2万穴为宜,北方略低,约1.7万穴,南方双季稻较高,约2.4万穴,基本苗为8万~12万穴。

② 抛秧方法。抓一把秧苗活动一下,使它们的根相互分开,然后向空中抛去,使其从高空自由落体,秧苗竖着固定在泥浆土上。每一次抛出8~10棵土坨秧苗,抛秧高度5~8 m,把应抛的全部秧苗分成两次抛,第一次抛出所需秧苗的60%~70%,第二次抛剩下的30%~40%,以便秧苗分布均匀。

③ 抛秧要求。在宽阔的稻田抛秧,为了使秧苗分布均匀,可用绳子把稻田分成若干小块,然后根据面积大小,规定每块地的苗数,抛秧后,把抛落在绳子左右30 cm宽地方的秧苗收起来,补抛到稀疏的地方。30 cm没有抛秧的地方可留作小道,方便各种作业。为了更好地使秧苗根黏附于土壤,抛秧后0.5 d或1 d灌浅水,以利于倒伏的秧苗直立起来。

五、思考题

(1)已知栽培的株行距,如何确定栽培密度?
(2)抛秧技术使用广泛吗?试分析原因。

实训十 水稻大田管理技术

一、实训目的

掌握水稻大田管理技术要点。

二、内容说明

水稻移栽到大田后,田间管理是否科学、到位,直接关系水稻的产量和质量,一般水稻大田管理的主要对象是水、肥、病、虫、草害。

三、主要仪器设备及用具

(1)实训材料:移栽至大田的水稻。

(2)主要仪器及用具:喷雾器等。

(3)药品试剂:各种农药、尿素等。

四、操作步骤与方法

(一)插秧后的田间管理

(1)查苗补苗。插秧后往往有缺穴现象,须及时检查补苗,以保证应有的密度和基本苗数。

(2)看苗灌水。大苗播秧后可以灌深一些,经2～3 d后,落浅到3 cm左右。小苗移栽,灌浅水3 cm左右。

(3)追返青肥。当新根长出7～9 cm时,可追施返青肥,以促进新叶快出生,早分蘖。追肥时灌水3 cm左右,追施硫酸铵2 kg/亩左右。

(4)防治潜叶蝇危害。随水稻插秧,潜叶蝇也从秧田转移到大田,可喷施"乐果",效果好。

(二)分蘖期管理

(1)早施分蘖肥。在分蘖始期,追施氮肥,一般施用尿素2.5 kg/亩为宜,最多不超过5 kg/亩。施肥后,田间要保有水层,不能排水,自然落干后灌水。另外,雨天及上午露水未干时不要施肥,以免叶片粘上化肥,烧坏稻苗。施肥不可过晚,否则易引起徒长倒伏。

(2)浅水勤浇、适当晒田。水稻在分蘖期间,特别是有效分蘖期间,一般浇水3 cm左右,当有效分蘖期结束以后,要灌深水抑制分蘖发生。生长过旺时,可给合排水晒田,控制生长,减少无效蘖。

(3)防除杂草和病虫害。除草已普遍应用除草剂,选择对杂草有杀伤力而对秧苗无伤害的除草剂进行化学除草;对杂草较多的田块采取人工除草除稗。分蘖期还要防治病虫害,主要有稻瘟病、恶苗病、褐斑病、白叶枯病。虫害如二化螟、稻蓟马、稻纵卷叶螟等。应及时检查,及时防治。

(三)长穗期管理

(1)巧施拔节长穗肥。拔节后若叶黄缺肥,应巧施穗肥,一般施用尿素2.5～5 kg/亩;孕穗一般不再追肥,如孕穗末期茎叶发黄,呈早衰状态,可在出穗前15～18 d巧施粒肥,一般施用尿素1～2 kg/亩。切忌施肥量过大,引起贪青晚熟。

(2)灌好"养胎"水,适时落干晒田。此期正值盛夏,日照强,温度高,应适当加深水层,可以控制水温。一般保持水层7～9 cm深。

(3)防治病虫害。水稻拔节后,病虫害流行,纹枯病、白叶枯病、叶稻瘟及二化螟、稻纵卷叶螟、稻苞虫等常在这一时期为害,要注意及时防治。

(四)结实期管理

(1)合理灌溉、适时排水。在出穗扬花期间,田间仍需保持一定水层,调节水温,提高空气湿度,以利开花授粉。到灌浆期,采取干干湿湿,以湿为主的灌水办法,一般灌一次水后,自然落干1～2 d,再灌一次水。进入蜡熟期,要采取干干湿湿,以干为主的灌水方法,灌一次水后,自然落干3～4 d,再行灌水。收割前7～10 d把水放干。

(2)适时收获。水稻收获一般在蜡熟后期至完熟初期。这时谷粒变黄,茎、叶、穗变黄,应及时收割,确保丰产丰收。

五、思考题

(1)水稻大田管理中,如何科学施肥?

(2)若在水稻大田期遇严重干旱,生产上应如何管理?

实训十一　小麦大田管理技术

一、实训目的

掌握小麦大田管理技术要点。

二、内容说明

小麦的田间管理是否科学、到位,直接关系小麦的产量和质量,一般小麦大田管理主要是管水、管肥、管病、管虫害。

三、主要仪器设备及用具

(1)实训材料:大田期的小麦苗。

(2)主要仪器及用具:喷雾器、锄头等。

(3)药品试剂:各种农药、尿素等。

四、操作步骤与方法

(1)压青。在两叶一心到三叶一心期,按压1～2次,要求匀速作业,地头不能急转弯,严防把湿地轧实。

(2)科学施肥。于2月下旬以前抢抓墒情早施拔节肥,越早越好,一般施尿素5～7 kg/亩。底肥足、长势旺的田块适当少施,田瘦、苗弱的田块适当多施。

(3)化学灭草。在麦苗3～4叶期,按照以下配方对水喷雾:10%甲黄隆可湿性粉75～112.5 g/hm^2+72% 2.4D丁酯0.8升/hm^2;72% 2.4D丁酯0.8升/hm^2+75%宝收15～20 g/hm^2。

(4)病虫害防治。要及时做好预测、预报工作。黏虫防治:1~2 龄幼虫 10~15 头时用 80%敌敌畏乳油 1~1.5 kg/hm² 或菊酯杀虫剂 0.4~0.6 kg/hm² 采用机械或飞机进行防治。赤霉病防治:一般在麦类抽穗到扬花期喷洒 50%多菌灵 2 kg/hm²,用机械或飞机喷洒,防治效果可达 80%以上。

(5)收获。小麦联合收获在完熟期进行,割茬高度小于 25 cm,做到脱净,不跑粮、不漏粮、不裹粮,综合损失率小于 2%。分段收获在蜡熟初期开始打道,腊熟中期割晒。机械割晒放铺要直,割幅一致,不塌铺、不掉穗、不飞穗,割茬高度一般在 18~22 cm 为宜,宽度为 1.5~1.8 m,厚度一般为 8~10 cm。割晒后的麦子子粒水分小于 18%进行拾禾,综合损失率小于 2%。

五、思考题

春小麦和冬小麦在管理上有哪些区别?

实训十二　玉米大田管理技术

一、实训目的

掌握玉米大田管理技术要点。

二、内容说明

玉米生长一般可分为出苗期、拔节期、大喇叭口期、抽雄期、吐丝期、成熟期。在这些时期应因地制宜,采取适宜的田间管理技术,科学管理,以提高单位面积产量。

三、主要仪器设备及用具

(1)实训材料:大田期的玉米苗。
(2)主要仪器及用具:喷雾器、锄头等。
(3)药品试剂:各种农药、尿素等。

四、操作步骤与方法

(一)苗期管理

(1)间苗、定苗。若采取玉米直播技术,在玉米播种后 5~7 d,应经常到田间查看出苗情况,若有缺苗断行现象,及早补种或补苗。3 叶期前,用饱满种子浸种催芽补苗;3 叶期后,用行间的双株苗补苗。3~4 叶期及时间苗,去掉劣苗、病苗、弱苗、白苗。5~6 叶期开始定苗,基本苗要达到 3500~4000 株/亩。若使育苗移栽,栽后 5~7 d 选晴天下午进行田间检查,将病苗、虫咬苗及发育不良的幼苗淘汰剔除,及时补上健壮苗,然后淋上定根水。

(2)中耕除草。苗期一般应进行三次中耕,第一次在定苗之前,幼苗 4～5 片时进行,深度为 3～5 cm;第二次在定苗之后,幼苗 30 cm 高时进行,深度为 7～8 cm;第三次在拔节前进行,深度为 5～6 cm。中耕应遵循"头遍不培土,二遍少培土,三遍地起大垄"的原则。中耕同时去除杂草。

(3)虫害防治。麦类作物收后害虫转移到玉米上,根据虫情测报及时防治,对于地老虎、蓟马、蝼蛄等害虫,除在播种前结合浅耕药剂防治外,出苗后可用毒饵防治。

(二)穗期管理

(1)中耕培土。拔节时中耕,促进新根大量喷出,扩大吸收范围,除草灭荒。到大喇叭口时,结合施肥培土,可促进大量支持根产生,对防止倒伏有很大作用。

(2)去除分蘖。分蘖夺取主茎营养而影响产量,因此应经常检查,及时拔除,以利主茎生长。

(3)防治玉米螟。在拔节孕穗期,常有玉米螟发生,可用药液灌心或颗粒剂撒施防治。此外,还要注意黏虫的测报工作,及时防治。

(三)花粒期管理

玉米花粒期是营养生长逐渐停止进而转入生殖生长的时期,这一时期主要是为授粉结实创造良好的环境条件,提高光合效率,延长根和叶的生理活动,提高粒重,具体技术措施除攻粒肥和勤浇攻粒水外,还应做好以下工作。

(1)人工去雄和辅助授粉。"玉米去了头,力气大如牛",这是因为去雄后养分和水分集中供给雌穗,玉米去雄方法简便易行,可以隔行、隔株去雄,也可以隔两行去一行或两行,去雄株数一般不能超过全田株数的 50%,田边地头不应去雄,以免影响授粉结实。据资料显示,人工去雄一般可以增产 10% 左右。施行人工辅助授粉最佳时间是上午 8:30—11:30,若条件允许,对每一雌穗,在吐丝初期、盛期、末期各进行一次人工授粉,这样可增产3%～5%。

(2)综合防治玉米病虫害。近几年,玉米病虫害有逐年增加的趋势,特别是玉米螟、穗蚜。病害以粗缩病、大小叶斑病、青枯病为害较重,个别地区的黑粉病和丝黑穗病也特别严重。要加强病虫测报,适时进行防治,在防治病虫害时,尽量不使用呋喃丹、甲胺磷等 16 种剧毒农药,注意保护环境,兼顾经济效益与生态效益。

(3)适当推迟玉米收获期。一般当玉米苞叶干枯松散,籽粒变硬发亮,乳线消失,基部出现黑色层时收获,产量最高。但夏玉米往往达不到成熟时就被迫收获,影响产量,特别是一些品种还有"假熟"现象,因此当夏玉米苞叶变黄、变枯、变松后仍需一周左右才能收获。在不影响后茬作物播种的情况下,夏玉米尽量晚收,提高粒重,使之增产、增效。

五、思考题

(1)玉米常见病害有哪些? 在大田中如何防治?

(2)玉米大田期如何科学、合理施肥?

实训十三　油菜大田管理技术

一、实训目的

掌握油菜大田管理技术要点。

二、内容说明

油菜是重要的油料作物,抓好油菜田间管理,对于提高油菜产量,增加农民经济收入,满足菜油市场供应需求具有十分重要的意义。

三、主要仪器设备及用具

(1)实训材料:大田小麦苗。
(2)主要仪器及用具:喷雾器、锄头等。
(3)药品试剂:各种农药、尿素等。

四、操作步骤与方法

(1)查苗补苗,保证全田株数。补苗后,及时、适当增施清粪水,保证成活。

(2)早施苗肥,喷施硼肥。以施速效氮肥为主,氮、磷、钾配合。对缺磷、钾、硼的土壤,补磷、补钾、补硼。对红沙岩和部分泥质岩成土母质发育而成的水稻土种植的油菜,应增施硼肥,如遇冬旱应当特别重视施用硼肥。每亩用猪粪水 800～1000 kg,加尿素 5～6 kg,过磷酸钙 8～10 kg 窝施,硼砂 50～100 g,加水 50 kg,即配成 0.1%～0.2% 浓度的硼砂溶液,进行叶面喷施,有利于发根、长叶。

(3)重施开盘肥,争早发。越冬期是油菜花芽分化,确定一次分枝数和结角数的重要阶段。重施开盘肥既能促使油菜在越冬期内多发根、多长叶,达到冬壮的目的,又可使一部分肥料春用,使油菜春后早发。采用有机肥与无机肥相结合。一般施粪水 1200～1600 kg/亩,施过磷酸钙 15～20 kg/亩,加尿素 6～9 kg/亩。

(4)稳施蕾苔肥、喷施硼肥促高产。蕾苔肥是促进油菜春发稳长,枝多,争取角多的一次关键性肥料。根据苗情特点及开春后的气温情况,以早发稳长、不早衰、不贪青迟熟为原则合理施肥。对开盘肥不足,长势差,有脱肥趋势的田块,蕾苔肥要早施、重施;对开盘肥用量重,叶片大,有旺长趋势的田块,蕾苔肥要不施或看苗少施。蕾苔肥宜在苔高 10～15 cm 时施用,宜早不宜迟。在 1 月下旬或 2 月上旬施用,一般每亩用猪粪水 800～1200 kg,加尿素 5～6 kg 窝施,每亩喷施 0.2% 的硼砂溶液 50 kg。幼苗长势过旺的,每亩用 15% 多效唑 1g 兑水 10 kg,喷施控苗。

(5)中耕培土、除草、防冻害。结合追肥做好中耕、松土、培土工作,保证根部通气,以增厚根际土层,吸热增温,增强菜苗防冻能力,增强土壤通透性,有利于肥效的发挥。可用化学除草剂除草,在杂草 2～3 叶期时,每亩用 12.5% 盖草能 40～50 mL 兑水 50～60 kg,喷施在行间杂草上。

（6）抓好病虫害防治和花期喷施硼肥。油菜病虫害防治重点是防治蚜虫、菌核病、霜霉病等。防治蚜虫用 10％吡虫啉可湿性粉剂 10～15 g。菌核病在初花期每 5 d 防治一次，连续 2～3 次，每次用 70％甲基托布津 500～1500 倍液或 40％菌核净可湿性粉剂 500 倍液防治。霜霉病用 72％霜脲锰锌或 72％霜霸可湿性粉剂 600～700 倍液防治。花期是油菜一生中需硼量最大的时期，缺硼时，花粉发育不正常，有花不实，开花无角果或角果内籽粒大，粒数少。为了满足油菜需硼要求，分别在初花期和盛花期各喷一次硼肥。667 m² 常用硼砂 100 g、磷酸二氢钾 100 g，兑水 75～100 kg 喷雾防治"花而不实"的现象，以提高结实率和粒重，增加油菜产量。

（7）清沟排渍，防止田间湿度过大，保证油菜健壮生长。

五、思考题

（1）油菜常见病害有哪些？在大田中如何防治？
（2）油菜大田期如何科学、合理施肥？

实训十四　马铃薯大田管理技术

一、实训目的

掌握马铃薯大田管理技术要点。

二、内容说明

马铃薯具有苗期短、生长发育快的特点。要取得高产、高效效果，必须做好大田管理工作。

三、主要仪器设备及用具

（1）实训材料：大田马铃薯。
（2）主要仪器及用具：喷雾器、锄头等。
（3）药品试剂：各种农药、尿素等。

四、操作步骤与方法

（1）覆草栽植。12月底，每畦开两条定植沟，深 10 cm，株距 35 cm 摆放薯块，薯块间施适量复合肥和腐熟有机肥，肥料不直接接触薯块，覆草，再覆土，这样起到疏松土壤的作用，有利于根系吸收养分。

（2）中耕除草。幼苗前期，应以促根、促匍匐茎为主。出苗后至现 7～8 片真叶前，幼苗生长缓慢，温度低，需水量少，应多中耕，提高地温，消灭杂草，培育壮苗。

（3）肥水管理。干旱时可在出苗后浇一次水，但浇后要及时中耕，保持土壤疏松，利于促发壮苗。幼苗后期匍匐茎开始形成后，地上部生长加速，为促进茎叶生长，形成较大叶面积，应适当浇水。生长后期保持土壤湿润,增施磷肥、钾肥,并配合氮肥,最大限度满足块茎膨大对肥水的大量需求。

(4)喷施叶面肥。在马铃薯生长后期,根系吸收能力降低,无法满足植株生长的需要。在收获前 15 d 左右可配合使用叶面肥,如喷 0.5% 的尿素、0.3% 的磷酸二氢钾等叶面肥来弥补不足。

(5)应用化控技术。生长期为防止地上部徒长,可喷 100 ppm 的多效唑,每亩需 50 kg 水溶液。

(6)病虫害防治。马铃薯的主要病虫害为病毒病、早疫病、晚疫病、马铃薯块茎蛾等。病毒病可用 1.5% 植病灵乳剂 1000 倍液或病毒 A 可湿性粉剂 500 倍液喷洒防治;早疫病和晚疫病在发病期可喷洒 64% 的杀毒矾可湿性粉剂 500 倍液或 1∶1∶200 波尔多液,每 7～10 d 喷一次,连喷 2～3 次,效果比较明显。马铃薯鳃金龟幼虫在发生期用 40% 的甲基异柳磷乳油 800 倍液、50% 辛硫磷 1000 倍液进行灌杀;马铃薯块茎蛾、马铃薯瓢虫发生时可用 10% 菊马乳油 1500 倍液进行防治。

(7)适时收获。在马铃薯成熟后,及时收获。

五、思考题

(1)马铃薯获得高产的田间管理措施有哪些?
(2)马铃薯要实现主粮化还存在哪些挑战?

实训十五　作物生育进程调查

一、实训目的

(1)了解主要作物生育期与生育时期划分的依据。
(2)掌握主要作物生育期与生育时期的调查方法。

二、内容说明

作物生育进程主要包括生育期与生育时期,作物从出苗到成熟经历的天数称为生育期。需要育苗的作物,其生育期包括育苗期和本田生长期。生育时期是指作物一生中根据其外部形态和内部结构发生的阶段性变化而划分的若干个阶段,可通过对作物外部形态的观察及内部生理变化的情况来划分。生育期与生育时期调查是一项应用广泛的生产技能,该技能与作物形态特征、生长发育规律和作物栽培技术等相关知识关系密切。

三、主要仪器设备及用具

(1)实训材料:各种作物大田。
(2)主要仪器及用具:卷尺、放大镜、记录本、铅笔和计算器等。

四、操作步骤与方法

1. 生育期调查

确定各种作物的出苗期和成熟期,将出苗期到成熟期的天数累加,即为生育期。

2. 生育时期调查

选择小麦、水稻、玉米、大豆田各一块,用对角线法取样,根据植株整齐度确定 5～9 个样点,小麦、水稻、大豆每样点为 1 m^2,玉米每样点为 2 m^2。从播种后开始定点调查,每 2～3 d 调查一次。

(1)小麦生育时期调查。

① 出苗期:第一片真叶从芽鞘中伸出 2 cm 时为出苗,全田有 50％幼苗达到出苗标准的日期为出苗期。

② 三叶期:全田有 50％的植株第三片完全叶展开的日期。

③ 分蘖期:全田有 50％的植株出现第一个分蘖的日期。

④ 拔节期:全田有 50％的植株主茎节间已伸长 2 cm 的日期。

⑤ 孕穗期:全田有 50％的植株旗叶叶枕抽出下一叶叶枕的日期。

⑥ 抽穗期:全田有 50％的植株小穗顶端露出旗叶叶鞘的日期。抽穗后 2～5 d 进入开花期。

⑦ 成熟期:根据籽粒内含物的状态,分为乳熟期、蜡熟期和完熟期。

(2)水稻生育时期调查。

① 出苗期:不完全叶从芽鞘中伸出 1 cm 为出苗,秧田有 50％幼苗达到出苗标准的日期为出苗期。

② 三叶期:全田有 50％的植株第三片完全叶展开的日期。

③ 返青期:移栽后 50％的植株新叶开始生长的日期。

④ 分蘖期:全田有 50％的植株第一分蘖抽出 1 cm 长的日期。田间分蘖数与有效穗数相同的日期称为有效分蘖终止期。

⑤ 拔节期:全田有 50％的植株主茎节间伸长达 2 cm 的日期。

⑥ 孕穗期:全田有 50％的植株剑叶叶枕抽出下一叶叶枕的日期。

⑦ 抽穗期:全田有 50％的植株幼穗露出剑叶叶鞘 1 cm 的日期。抽穗后 1～2 d 进入开花期。

⑧成熟期:根据籽粒内含物的状态,分为乳熟期、蜡熟期和完熟期。

(3)玉米生育时期调查。

① 出苗期:第一片叶出土 2 cm 为出苗,全田有 50％幼苗达到出苗标准的日期为出苗期。

② 拔节期:全田有 50％的植株节间开始伸长,茎节总长度达 2～3 cm 的日期。

③ 大喇叭口期:全田有 50％的植株棒三叶(果穗叶及其上、下叶)大部分伸出,但未全部展开,心叶丛生,形似喇叭口的日期。

④ 抽雄期:全田有 50％的植株雄穗主轴露出顶叶 3～5 cm 的日期。

⑤ 开花期:全田有50%的植株雄穗主轴上的小穗开花散粉的日期。

⑥ 吐丝期:全田有50%的植株雌穗花丝从苞叶中伸出2 cm的日期。

⑦ 成熟期:籽粒变硬,呈现品种固有的颜色和形状,尖冠处出现黑层的日期。

五、思考题

(1)在生产上调查生育期和生育时期有何意义?

(2)生育期和生育时期有何不同?

实训十六　作物苗情调查

一、实训目的

(1)了解主要作物苗情调查指标。

(2)掌握主要作物苗情调查方法。

二、内容说明

作物苗情调查是一项应用广泛的生产技能,作物出苗率和幼苗素质是苗期生产技术的综合反映,是苗情调查的主要指标。该技能与作物形态特征、生长发育规律和作物栽培技术等相关知识关系密切。通过实训,学生应熟练掌握作物苗情调查方法,能正确判断幼苗长势,为确定田间管理措施提供依据。

三、主要仪器设备及用具

(1)实训材料:小麦田。

(2)主要仪器及用具:卷尺、放大镜、记录本、铅笔和计算器等。

四、操作步骤与方法

(一)作物出苗率

出苗率是指田间实际出苗数占计划保苗数的百分比。作物出苗率受种子质量、整地质量、播种质量、气候条件、病虫害发生情况等因素影响。田间调查时只要查清田间基本苗数和理论苗数(理论苗数是指播种时的计划保苗数,是在制订丰产技术方案时根据品种、肥力等因素确定的),就可以计算出出苗率。

(二)幼苗素质

(1)基本苗数调查。查清各点的苗数,取各点的平均值,换算成每公顷基本苗数。

(2)出苗率调查。调查的基本苗数占理论苗数的百分比即为出苗率。

(3)断垄率调查。在调查基本苗数时,调查每行10 cm以上缺苗处的数量和长度。各点断垄长度之和除以各点行长,换算成百分数即为断垄率。

(4)幼苗长势调查。在各取样点调查幼苗叶数、叶色、根系入土深度、根数,判断幼苗为壮苗、弱苗,还是徒长苗。

将调查结果填入小麦苗情调查记录表(表 4-1)中,分析缺苗和幼苗不健壮的原因,提出相应的管理措施。

表 4-1　　　　　　　　　　　　　小麦苗情调查记录表

样点	理论苗数/ (万/hm²)	基本苗数/ (万/hm²)	出苗率/%	断垄率/%	叶部 发育状况	根系 发育状况	是否为 壮苗
1							
2							
3							
4							
5							
平均							

品种:　　　　　地块:　　　　　调查人:　　　　　记录人:　　　　　时间:

五、注意事项

(1)严格掌握苗情调查时间,防止调查过晚及基本苗数调查不准,影响管理措施的确定。

(2)调查时爱护生产成果,尽量减少伤苗;调查根部性状,挖土后,要将土壤填回原位,保持地表原状。

六、思考题

(1)作物苗情调查的内容有哪些?

(2)作物的基本苗数与哪些因素有关?

实训十七　作物产量测定

一、实训目的

(1)了解主要作物产量构成因素。

(2)熟练掌握作物产量测定的方法。

二、内容说明

作物产量包括生物产量和经济产量。生物产量是指作物在生育期间生产和积累有机物质的总量。经济产量是指为达到栽培目的所需要的产品的收获量。经济产量是生物产量的一部分,生物产量转化为经济产量的效率称为经济系数。生产上所指的产量即经济产量。

作物产量是各产量构成因素的乘积,其中,禾谷类作物的产量构成因素为株数、穗数、每穗实粒数和粒重;豆类作物的产量构成因素为株数、每株有效荚数、每荚实粒数和粒重;薯类作物的产量构成因素为株数、单株结薯数和单薯重。理论上任何一个因素的增大,都能增加产量。但实际上各产量构成因素间存在着相互制约和补偿的关系,制约是指先形成的因素对后形成的因素的限制作用,补偿是指后形成的因素对先形成的因素的弥补作用。

作物产量测定一般在成熟期进行,测定方法有目测法、取样实收法和取样调查法。其中,目测法是根据以往的生产经验,结合当年的气候条件、栽培水平和作物长势,综合分析作物产量水平;取样实收法是选取有代表性的样点,将样点内的植株全部收获,脱粒称重后计算单位面积产量;取样调查法是通过选取有代表性的样点,调查出该作物的各产量构成因素,再计算出单位面积产量,这是应用最广泛的测产方法。

三、主要仪器设备及用具

(1)实训材料:水稻、玉米或小麦成熟期大田。本实训以成熟期的水稻田为例。

(2)主要仪器及用具:单株脱粒机、天平、计算器、测绳、卷尺、塑料桶、镰刀、铅笔、记录表、种子袋等。

四、操作步骤与方法

在水稻进入蜡熟期,根据各类稻田的长势先区分出好、中、差三类长相,并选出有代表性的田块进行测产。

(一)小面积实收法

在一个生产单位的稻田中,选取有代表性的小田块,全部收割、脱粒,稻谷经过干燥含水量降至14%时称重。实际测量该田块的面积,折算出单位面积产量。

$$产量(kg/hm^2) = 收获稻谷重(kg) \times 10000(m^2/hm^2)/田块面积(m^2)$$

(二)取样调查法

选取有代表性的田块,采用五点取样法,每个样点的面积,矮秆密植作物可取 $1\ m^2$,高秆稀植作物应为 $2 \sim 3\ m^2$。样点通常为长度样点,即用样点的面积除以平均行距,在 1 行或几行上取样测产。调查项目及要求如下。

(1)测定行距和穴距,求出每公顷穴数:在每个样点上测量 11 行水稻的距离,除以 10 即为行距;测量 11 穴水稻的距离,除以 10 即为穴距。统计各点的行距和穴距,求出该田块的平均行距和穴距。计算每公顷穴数。

$$每公顷穴数 = \frac{10000(m^2)}{平均行距(m) \times 平均穴距(m)}$$

（2）调查每穴有效穗数，求每公顷穗数：在每个样点上连续取 10～20 穴，查出每穴有效穗数（具有 10 个以上结实谷粒的稻穗），统计出各点及全田的平均每穴穗数，计算每公顷穗数。

$$每公顷穗数＝每公顷穴数×每穴平均穗数$$

（3）调查代表穴的实粒数，求每穗实粒数：在 1～3 个样点上，每个样点选取一穴穗数接近该样点平均每穴穗数的水稻，数出并记下该穴的每穗实际粒数，统计每穴平均实粒数。调查时可将有效穗脱粒放入清水中，沉入水中的谷粒为实粒。计算每穗平均粒数，求出全田平均每穗实粒数。

$$每穗实粒数＝\frac{每穴总实粒数}{每穴有效穗数}$$

（4）计算产量：根据穗数、粒数的调查结果，再估算出千粒重，即可计算出水稻单位面积产量。

$$产量（kg/hm^2）＝\frac{每公顷穗数×每穗实粒数×千粒重（g）}{1000000}$$

将调查结果填入表 4-2 中。

表 4-2　　　　　　　　　　　　　水稻测产记录表

样点	行距/m	穴距/m	每公顷穴数/穴	每公顷有效穗数/穗	每公顷穗数/穗	每穴实粒数/粒	每穗实粒数/粒	千粒重/g	产量/(kg/hm²)
1									
2									
3									
4									
5									
平均									

品种：　　　　　地块：　　　　　调查人：　　　　　记录人：　　　　　时间：

五、注意事项

（1）田间调查及选点取样时要爱护生产成果，尽量减少由人为因素造成的损失。

（2）保留好田间调查的原始记录，以便进行数据核对。

（3）由于人为原因，测产结果往往偏高，计算出的产量乘以 0.9 即接近实际的产量。

六、思考题

（1）作物产量构成因素间的关系如何？

（2）根据测产结果分析所测定的作物的群体结构是否合理。

实训十八　作物考种

一、实训目的

(1)了解主要作物植株的性状特点。

(2)掌握水稻、玉米、小麦的考种项目及标准。

二、内容说明

不管是栽培试验还是育种试验,都要对作物进行考种,考种工作准确与否,直接关系相关试验的成败。但对不同作物,考种指标有所差异。通过本实训,学生应掌握考种的技术要领。

三、主要仪器设备及用具

(1)实训材料:各种作物成熟期植株。

(2)主要仪器及用具:千分之一电子天平、自动数粒仪、手持叶面积仪、卷尺、游标卡尺等。

四、操作步骤与方法

(一)水稻考种项目及标准

(1)株高。以主茎高度表示,指从分蘖节到主穗顶的长度,单位为 cm。

(2)茎粗。指茎的上部分第二节间的最大直径,单位为 mm。

(3)剑叶长。水稻最后一叶的长度,单位为 cm。

(4)剑下一叶长。水稻倒数第二叶的长度,单位为 cm。

(5)剑下二叶长。水稻倒数第三叶的长度,单位为 cm。

(6)每穴有效穗数。具有 10 个以上结实谷粒的穗为有效穗。数每穴内有效穗的数目。

(7)每穴实粒数。每穴内结实谷粒数。

(8)每穗平均粒数。每穗平均粒数=平均每穴实粒数/平均每穴有效穗数。

(9)结实率。随机数 1000 粒水稻种子,然后分出空粒及实粒,其中实粒占总粒数的百分率为结实率,单位为％。

(10)穗长。水稻穗直立长度,单位为 cm。

(11)千粒重。取结实谷粒,从中随机数出两组,每组各 500 粒,分别称重,以合计质量(g)表示;两组质量相差不应超过平均质量的 3％～5％,否则应做第三组。

(二)玉米考种项目及标准

(1)株高。地面至雄穗顶端的高度,单位为 cm。

(2)茎粗。测定其地上第三节中部的横位直径,单位为 cm。

(3)穗位高度。测定其地面至最上部果穗着生节的高度,单位为 cm。

(4)空秆率。不结实或有穗结实但所结粒数不足 10 粒的植株占全样品植株数的百分率,单位为%。

(5)果穗长度。穗茎部到果穗顶的长度(包括秃顶),单位为 cm。

(6)穗粗。以周长表示,用线围距果穗茎部 1/3 处的圆周量线长度,单位为 cm。

(7)秃顶长度。顶部未结实或结籽未成熟的部分的长度,单位为 cm。

(8)粒行数。果穗中部籽粒行数。

(9)每果穗粒数。一穗上的总粒数。

(10)果穗重。风干果穗的质量,单位为 g。

(11)穗粒重。果穗上全部籽粒的风干重,单位为 g。

(12)穗轴率。穗轴率(%)=(穗轴重/穗重)×100%。

(13)百粒重。晒干脱粒后,随机数出两组,每组各 100 粒,分别称重,求其平均值,单位为 g。两组质量相差不应超过平均质量的 3%～5%,否则应做第三组,取相近的两个数,求其平均值。

(14)籽粒整齐度。其分为整齐、尚整齐、不整齐。

(15)粒质。分角质和粉质的多、中、少。

(三)小麦考种项目及标准

(1)植株高度。以主茎高度表示,指从分蘖节到主穗顶(不计芒)的长度,单位为 cm。

(2)植株整齐度。株高相差不到一个麦穗的高度为整齐;少数相差一个麦穗高度为中等;多数相差一个麦穗高度为不整齐。

(3)茎粗:指茎的上部分第二节间的最大直径,单位为 mm(大于 6 mm 为粗;小于 4 mm 为细;介于两者之间为中等)。

(4)单株成穗数。包括单株主茎和有效分蘖数。

(5)有效分蘖率。指单株成穗数占总茎数的百分率。

(6)穗长。自穗最下部一个小穗的基部量至穗顶(不包括芒)的长度,单位为 cm。

(7)结实小穗数。凡小穗内能结一粒以上种子的小穗数。

(8)小穗密度。小穗密度=穗内小穗总数(包括结实与不结实小穗)/穗长。

(9)每小穗平均结实粒数。每小穗平均结实粒数=每穗粒数/每穗结实小穗数。

(10)粒质。每品种任取 100 粒考查,硬粒率在 70%以上的为硬粒小麦;硬粒率在 30%～70%的为半硬粒小麦;硬粒率在 30%以下为软粒小麦。计算时以两个半硬粒折合为一个硬粒(玻璃质为硬粒;粉质为软粒;玻璃质与粉质参差的即硬粒上有粉斑的为半硬粒)。

(11)籽粒饱满度。其分为 5 级,分别为 1 级(饱)、2 级(较饱)、3 级(中等)、4 级(欠饱)、5 级(瘪)。

(12)千粒重。以晒干扬净的子粒为标准,混匀样品。从中随机数出两组,每组各 500 粒,分别称重,以合计质量(g)表示;两组质量相差不应超过平均质量的 3%～5%,否则应做第三组。

(13)谷草比。籽粒与茎秆质量之比,茎秆指不带根的地上部茎、叶及麦壳和穗轴等。

(14)经济系数。经济系数＝种子干重/(种子干重＋茎叶干重)。

五、思考题

(1)针对不同作物,如何设计考种表?

(2)考种对作物科学试验有何意义?

模块五 育种技术篇

实训一 育种试验计划书的制订和实施

一、实训目的

(1)掌握作物育种试验计划书的制订。

(2)通过参加某作物育种试验的播种前后工作,以及田间观察和管理,熟悉和掌握作物育种工作程序。

二、内容说明

进行作物育种试验时,每一项试验在进行前,都必须做好调查研究工作,广泛查阅有关文献资料,根据已定的试验目的和要求,制订出周密、详尽的育种计划和实施方案,并以文字形式将全部试验设想表达出来,这就是田间育种试验计划书。通过严格执行计划书,各项工作得以有序、合理地进行,也便于按阶段或年度检查试验的执行情况。年度的田间育种试验计划书的制订及试验地的区划、播前试验材料的准备、田间实施,则是每年度育种工作的开始,也是承上启下确保育种工作顺利进行的基础。作物育种试验是一个连续的过程,内容多,既有室内准备,又有田间实施,因此必须遵循一定的方法步骤和操作规程,以免发生差错,造成难以弥补的损失。

三、主要仪器设备及用具

(1)实训材料:水稻、小麦、玉米、烟草和马铃薯等作物育种过程中的播种材料。

(2)主要仪器及用具:钢卷尺、皮尺、标杆、测绳、木牌、铁锤、计算器、白纸、种子盘、铅笔、毛笔、天平、划行器、点播尺等。

四、操作步骤与方法

(一)育种试验计划书的制订

育种试验计划书一般包括种植计划、田间观测和室内考种项目等。

1.种植计划

种植计划主要包括:

（1）试验的名称、地点和计划进行时间。写明课题的全称，力求反映出该试验的主要内容。如品种比较试验、鉴定试验等。

（2）试验研究的目的、意义、内容及预期目标。包括试验依据、同类研究现状、存在问题、研究的目标、内容、拟解决的关键问题等。

（3）试验支持单位、协作单位、主持人、执行人等。

（4）试验材料及供试处理名称。包括作物名称和品种、试验处理或材料的数目、名称和对照等。

（5）试验地基本情况。包括地理位置、面积、质地、肥力、前作及排灌条件等。

（6）田间设计。原始材料圃、杂交圃和选种圃常采用顺序设计，逢零设对照，不设重复；鉴定圃可采用顺序设计或随机区组设计；品种比较试验一般采用对比法或随机区组法设计，重复3～4次，每隔一定小区设一对照；区域试验必须采用随机区组设计，重复3～5次；品种示范或生产试验一般采用大区对比，不设重复。

（7）小区设计。包括试验区面积、小区的长度和宽度、重复次数、小区面积、田间种植方式等。通常初级试验小区面积较小，高级试验小区面积较大；矮秆作物较高秆作物面积小些。

（8）试验材料的种植。包括播种方法、播种量、播种期、移栽期和种植密度等。

（9）试验地的田间管理。包括前茬作物、耕耙概况、施肥（种类、数量和时间）、中耕除草、灌溉、病虫害防治及一些主要的栽培措施等。

（10）试验资料的统计分析。

（11）绘出田间布置示意图（附在试验计划的后面），注明地点和方位。

2．田间观测和室内考种项目

一般要将记载项目制成表格，将有关项目观测结果填入即可。内容可概括为以下几个方面。

（1）试验地田间管理工作。如施肥、灌溉、中耕、病虫害防治的时间、方法、次数等，特殊的天气和自然灾害等情况也应记录。

（2）物候期记载。如作物的出苗期、分蘖期、拔节期、开花期、成熟期、收获期等。

（3）经济性状的调查记载。如作物的株高、穗型大小、穗数、粒重、粒色、品质、水分等。

（4）抗逆性记载。如作物的抗旱性、抗寒性、抗倒伏性、抗病性等。

试验计划书应备有副本，一本存档，一本用于田间试验的执行，并应妥善保存，以防遗失。试验记载必须用铅笔。

（二）田间试验的实施

1．田间试验总体安排和规划

田间试验安排时，必须了解供本年度使用的试验地的总面积，应安排的试验项目、材料数等，然后对计划进行的各项试验进行田间设计并绘制出田间布置图。

2.试验地的准备和规划

试验地在规划前,需要施用充分腐熟、质量一致的有机肥,要迅速、均匀撒开。采用耕耙措施整地时,要做到耕深一致,耙平、耙匀。

根据绘制好的田间种植图,用石灰和绳索等标识出小区、走道、保护行和行距等,并插上编号的标牌,以便播种。

3.试验材料的准备、播种

(1)种子袋的准备。所有参试种子,均须装入大小一致的纸袋内,纸袋除新启用的外,旧纸袋在使用前必须逐个清理,以防去编号与残留种子混杂和错乱。

(2)种子分装。根据田间试验计划书中田间规划的要求,分别将种子装袋并用铅笔在种子袋右上角写上相应编号,按播种顺序排列,并准备好保护行种子,最后做一次检查核对以确保无误。并相应准备试验的编号标牌,一般每10行(区)插一标牌,以便按编号播种。

(3)播种。供试材料准备好后,按田间种植图先将种子分发在各小区的标牌处,待分发完毕核对无误后才进行播种。每一小区种子播完后,纸袋仍放回原处,待整个试验播完后再核对一遍,经核实无误后收回。如发现有错误,应及时记在记载本上。试验区的播种全部完成后,应将播种结果标记在种植图上,详细标明各个重复和处理小区的位置,以备必要时查对。

4.试验田间管理

搞好作物的栽培管理,供农作物有良好的生长发育环境,是获得真实试验结果的重要条件。各项管理措施力争均匀一致,不出现人为影响小区生产等不应有的误差。

5.田间试验的观察记载和试验指标的测定

依照作物育种试验性状记载标准如实对田间试验结果和试验指标进行记载。

6.收获

收获是田间试验数据收集的关键环节,必须由专人负责,建立验收制度,随时检查核对。收获前随机采取一定数量的单株,以备室内考种。收获计产要求单收、单放、单脱,挂好标牌,严防混杂。

五、思考题

根据所参加或了解的育种试验工作情况,试设计编制一份品种比较试验的育种试验计划书。

实训二　水稻有性杂交技术

一、实训目的

(1)了解水稻的花器构造和开花习性。

(2)掌握水稻的有性杂交技术。

二、内容说明

(一)水稻的花器构造

水稻(*Oryza Sativa* L.)是禾本科(gramineae)稻属(*Oryza*),自花授粉作物。穗轴为复总状花序,由主轴、枝梗、小枝梗和小穗组成。每个小穗由基部的两片退化的颖片(副护颖)、小穗轴和三朵小花组成,三朵小花中,顶端一朵为完全花,其余两朵均退化,仅见两朵不孕外稃(护颖)。可育的小花由1枚外稃、1枚内稃、6枚雄蕊、1枚雌蕊和2枚浆片组成。花药有4个花粉囊,柱头成两裂羽状。水稻花器构造如图5-1所示。

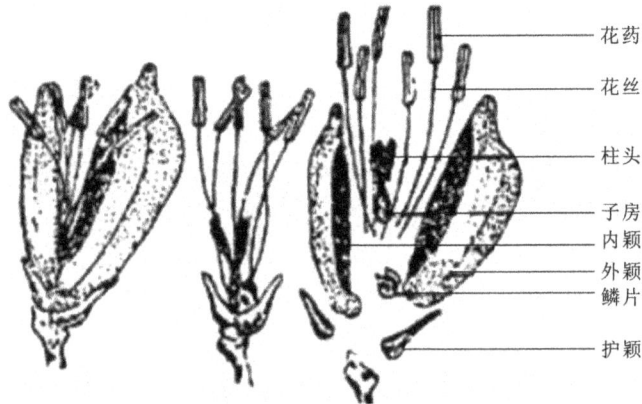

图 5-1　水稻花器构造

(二)开花习性

(1)授粉方式。水稻属自花授粉植物,其天然杂交率一般为0.2%～4%,最高可达5%。越是温度较高的地区,越是开花时间集中的品种,天然杂交率就越高。

(2)开花顺序。开花的顺序,就一个稻穗来看,是上部枝梗先开花,依次向下开花。一般是主轴顶端的颖花先开放,然后枝梗由上往下开花。但不是上部枝梗的花开放完后,下部枝梗的花再开放,而是上部枝梗一开花,下部枝梗陆续开花。就一个枝梗来看,是顶端的颖花先开放,以后由基部往上开放,顶端下的第二个颖花最后开放,往往不结实。

(3)开花时间。早稻和中稻的稻穗从叶鞘抽出后的当天,就有部分小穗开花,2～3 d就达到盛花期,之后逐渐减少;晚稻在露穗后的第2 d才开花,到了第4～5 d逐渐旺盛,开花比较分散。

一个稻穗开花的天数,同品种、气候和稻穗大小而有不同。一般从开花开始到全穗开完,早稻需要5 d左右,中稻需要6～7 d,晚稻需要8 d左右。

水稻开花多在上午,下午开放的较少,常因品种和温、湿度不同,而影响每天开花时间的早晚。一般是籼稻品种较早,粳稻品种较迟;早、中稻较早,晚稻较迟;气温高较早,气温低偏迟,甚至在低温高湿下,有的品种还可以闭颖授粉。在正常的气候条件下,早、中稻品种每日上午8:00开始开花,以10:00—12:00最盛,以后逐渐减少,到下午几乎不开花。晚稻品种每日从上午10:00开始开花,以12:00—14:00最盛。如遇连绵阴雨,气温低,还要延迟,有的品种就不开颖而直接受精结实。一朵花开放时,从稃片张开到闭合,需要 1.5～2 h。一般气温在 20 ℃ 以上,相对湿度为 60% 以上即可开花,但以温度 28～32 ℃,相对湿度 80%～90% 为最适宜。

(4)花粉和柱头的生活力。水稻花粉在自然条件下,放置 3 min,就只剩下半数花粉能够萌发,放置 5 min,基本上就全部丧失萌发能力。柱头的生活力在去雄后可维持 6 d 左右,在去雄后 1～2 d 内授粉,结实率最高。

三、主要仪器设备及用具

(1)实训材料:不同水稻品种。

(2)主要仪器及用具:剪刀、镊子、回形针、杂交袋、棉线、塑料牌、铅笔、盛有 47 ℃ 左右热水的热水瓶。

(3)药品试剂:70% 酒精。

四、操作步骤与方法

(一)确定杂交组合,种植亲本

(1)根据育种目标,种植亲本。

(2)确定杂交穗数。根据所需种子数,并按 40% 的杂交结实率估算,一般单交两穗,三交或回交 7 穗,双交 11 穗。

(3)分期播种。根据父母本生育期长短确定,生育期长的早播,生育期短的迟播。如双亲生育期不清楚,可每隔 10～15 d 为一期,播 2～3 期,确保花期相遇。

(二)杂交技术

(1)选株、选穗。选择具有该品种的典型性状、生长健壮、无病虫害的母本植株,选取已经抽出叶鞘 3/4 或全部,即将开花的稻穗去雄。

(2)去雄。水稻杂交去雄方法一般有温汤去雄、剪颖去雄、真空去雄,以温汤去雄较为普遍。温汤去雄的原理是利用雄蕊比雌蕊对高温更敏感的特性,控制一定水温和处理时间,使全穗能在当天开花的雄蕊丧失生活力而雌穗仍能够保持较好的生活力,从而达到去雄的目的,简化去雄手续。

① 温汤去雄。

a.在自然开花前 1～1.5 h,小心地将稻穗倾斜浸入盛有温水的热水瓶中,一般籼稻 43～44 ℃,粳稻 44～45 ℃,持续 3～5 min,注意不要延长处理时间,不要折断稻穗。

b.取出稻穗,抖去上面的积水,待 5～10 min 后,用剪刀剪去未开放的颖花,然后将已开放的颖花逐一剪去上端 1/3 的颖壳,注意只有当天开花的颖花的雄蕊已被烫死。

② 剪颖去雄。

a.整穗。在杂交前一天下午 3:00 后或当天开花前 1～2 h 将已开放过的和 2～3 d 内不会开放的幼嫩颖花剪去。

b.剪颖。将保留的颖花逐一斜剪,剪去上端 1/3 左右的颖壳。

c.去雄。用镊子将每一朵颖花内尚未成熟带黄绿色的 6 枚花药全部完整夹出。如去雄时花药破裂或已有成熟花粉散粉,则应去除该小穗,并将镊子放入酒精里杀死所蘸花粉。

③ 真空去雄。

用配有特殊装置的真空泵(速率 2 L/min)吸取花药。

(3)套袋隔离。将去雄的稻穗套上牛皮纸袋,下端斜折,用回形针固定,但回形针不能夹住茎秆,以免死穗。

(4)授粉。授粉在去雄后当天盛花期进行。

① 选具有该品种典型性状、生长健壮、无病虫害的植株作父本。

② 将正处于盛花的父本稻穗小心取下,或在去雄工作之后,立即选取当天可开花较多的父本穗逐一剪去 1/3 的颖壳,剪下稻穗插在母本植株附近田,待花药伸出散粉时即可授粉。

③ 打开已去雄稻穗上端折叠的纸袋口,将正在开花的父本稻穗插入纸袋上方,凌空轻轻抖动和捻转几下,使花粉散落在母本柱头上。

(5)套袋和挂牌。授粉后将纸袋重新折叠好并在纸袋或穗颈基部所挂的塑料牌上用铅笔写明组合代号或名称、杂交名称及操作者姓名,并在工作本上做好记录。

(三)收获

一般杂交后 17～25 d 即可收获,不要提早或推迟收获。

五、思考题

(1)试分析杂交成功和失败的原因。

(2)要对一种新作物进行有性杂交,应做哪些准备工作?

实训三　小麦有性杂交技术

一、实训目的

(1)了解小麦的花器构造和开花习性。

(2)掌握小麦的有性杂交技术。

二、内容说明

小麦是自花授粉作物,通常天然异交率极低,为了提高育种效率,促进品种间的基因重组,进行小麦的人工有性杂交是小麦育种中最常用的方法。

(一)小麦的花器构造

小麦属复穗状花序,麦穗由穗轴和多互生的小穗组成,小穗基部着生两个护颖和 3～9 朵小花,但正常发育的都是基部的 2～5 朵小花,小穗上部的小花往往退化。

每朵小花自外向里有外颖、内颖各 1 片；鳞片 2 个；雌蕊一枚，由柱头、花柱和子房组成，柱头成熟时呈羽毛状分叉；雄蕊 3 枚，着生在雌蕊的周围，分花丝和花药两部分。花药未成熟时为绿色，成熟时为黄色，少数品种为紫色。外颖顶端有芒或无芒。小麦花器构造如图 5-2 所示。

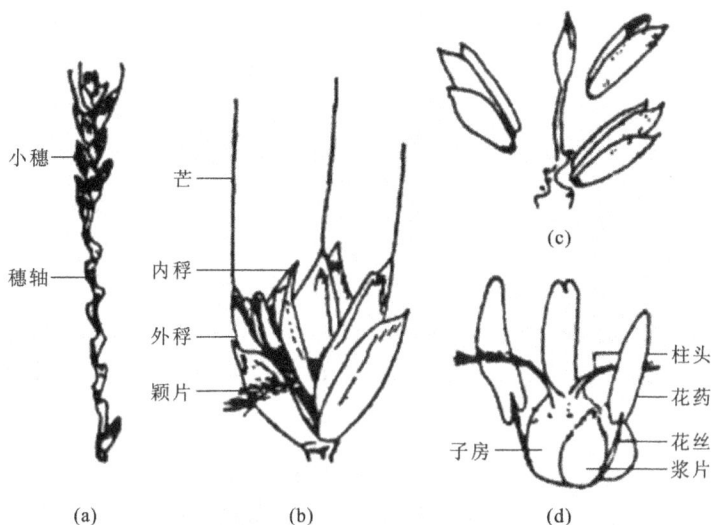

图 5-2　小麦花器构造
(a)花序；(b)小穗；(c)小穗上着生的小花；(d)雌、雄蕊

(二)开花习性

小麦多数品种为开颖授粉，也有少数闭颖授粉。小麦抽穗后一般 2～6 d 开始开花。同一麦株主穗先开花，然后按分蘖先后顺序开花，全株开花期为 3～8 d。同一麦穗中上部的小穗先开花，然后分别向上、向下依次开放，其开花期为 3～5 d。同一小穗，基部花先开，依次向上开放。小麦开花时，鳞片吸水膨胀，迫使外颖张开，同时花丝迅速伸长并伸出颖片外，花粉囊破裂而散粉，一朵小花开放时间很短，为 15～20 min，开花后花粉落在柱头上 1～2 h 开始萌发，经 24～36 h，完成受精过程。

小麦开花昼夜进行，其开花的高峰期随地区，品种，当时温、湿度不同而有所差异。通常一天有两个高峰，上午 8：00—11：00，下午 2：00—6：00 开花最盛，小麦开花的最适温度为 18～23 ℃，温度在 10 ℃ 以下或者超过 30 ℃ 均不利于开花，最适相对湿度为 70％～80％。

柱头在正常情况下，保持授粉能力的时间可达 8 d 左右。但 3～4 d 以后授粉，结实率就会下降。花粉能维持生活力的时间很短，采下的花粉超过 30 min，发芽率就显著降低。

三、主要仪器设备及用具

(1)实训材料：不同小麦品种。

(2)主要仪器及用具：剪刀、镊子、回形针、杂交袋、小杯、棉线、塑料牌、铅笔等。

(3)药品试剂：70％酒精。

四、操作步骤与方法

(一)选株整穗

根据确定的杂交组合,在母本群体内选择典型、健壮植株的主茎穗(刚抽出叶鞘、花药呈绿色),去掉上下部发育不好的小穗,只留中部 8～10 个小穗,再夹除每个小穗中部的小花,只留基部发育良好的两朵小花。整穗后,一般一个母本穗上仅留 16～20 朵发育良好的小花。有芒亲本将芒剪去。

(二)去雄套袋

去雄时用左手大拇指和中指夹住麦穗,用食指轻压外颖的顶部使内外颖分开,右手用镊子插入内外颖的合缝里,轻轻夹出三个雄蕊,注意不要夹破花药和碰伤柱头。去雄工作应从穗的一侧由下而上进行,去完一侧再进行另一侧,不能遗漏。

去雄时如发生花药破裂,这朵花应剪去,并用 70% 酒精擦净镊子,以免发生串粉现象。去雄完毕,即刻套袋隔离,挂好标牌,写明母本品种名称或代号、去雄日期和工作者姓名等。

(三)授粉

母本去雄后,柱头呈羽毛状分叉,并带有光泽时,表示柱头已经成熟,最适合授粉。一般以去雄后的第二天授粉为宜,如去雄时柱头已分叉,即可当天去雄,随即授粉。小麦授粉方法较多,有常规授粉法和捻穗法等。

1. 常规授粉法

当父本处于盛花期时,选取健壮、无病虫的植株,用镊子采取麦穗中部小穗基部两朵小花,即将散放花粉的成熟花药(黄色)放入花粉杯中,立即进行授粉。授粉时,取下母本纸袋用镊子夹住沾满花粉的花药(或用毛笔尖蘸取花粉)逐一放在(或涂在)母本花朵的柱头上,或从即将开放的小花中,取出花药轻轻放在去雄花的柱头上。授完一边,再授另一边。如发现雄蕊没有去干净的花朵,就要将其除去。更换授粉品种时,要用酒精棉球擦洗用具和手指。授粉完毕,立即套上纸袋,并在纸牌上写明父本名称、授粉日期、杂交花朵数和工作者姓名等。

2. 捻穗授粉法

选择中上部小花的花药即将伸出的父本穗,然后进行剪颖处理,把剪过颖的父本穗剪断,插入土中,在阳光下晒 2～3 min,既有花药伸出颖壳并即将散粉时,进行授粉。授粉时,用剪刀将纸袋的上端剪开,然后将经过上述处理的父本穗移至纸袋口上方,一手撑开纸袋口,一手小心将父本穗剪口朝下倒过来,插入纸袋中旋转,使花粉自然落到每朵花的柱头上,取出父本穗,立即折叠好纸袋上方,用回形针夹住袋口,并在纸牌上注明父本名称、授粉日期及工作者姓名等。

五、思考题

(1)常规授粉法和捻穗授粉法各有哪些优缺点?

(2)在小麦杂交过程中,有哪些措施可保证杂交成功?

实训四　玉米自交和有性杂交技术

一、实训目的

(1)了解玉米的花器构造和开花习性。

(2)掌握玉米自交和有性杂交技术。

二、内容说明

(一)玉米花器构造

玉米($Zea\ mays$ L.)属禾本科($Gramineae$)玉米属(Zea),玉米为单性花,雌雄同株,异花授粉。雄穗由主茎顶端的生长锥分化而成,为圆锥花序。雄穗分主轴与侧枝两部分,主轴上有 4～11 列成对的小穗,侧枝上一般只有 2 列成对小穗。每一小穗有 2 朵花,各具 1 枚外稃、1 枚内稃和 3 枚雄蕊。每对雄小穗中,一小穗有柄,位于上方;另一小穗无柄,位于下方。雌穗由叶腋中的腋芽发育而成,为肉穗花序,为多数鞘状苞片所包藏。在花序上,雌小穗成对排列,共 8～18(30)行。每 1 雌小穗具 2 枚颖片、1 枚不育花和 1 枚能育雌花。不育花通常仅具 1 枚外稃,能育雌花由 1 枚外稃、1 枚内稃和 1 枚雌蕊组成。雌蕊的柱头呈细长丝状,顶端呈不等的二叉。

(二)开花习性

1.开花顺序

雄穗中轴中部和上部的花先开,然后是顶端部分开花,最后是下部的花开放;雄穗侧枝的开花顺序,则是从上而下开放。

雌穗开花标志是从苞片中抽出柱头。通常是雌穗基部以上 1/3 处的雌花柱头先抽出来,然后是下部、上部花的柱头抽出,顶部花的柱头最后抽出。

2.开花时间

雄穗一般在抽出后 2～5 d 开花。每株雄穗开花过程为 7～8 d,以开花后 2～5 d 开花最盛,约占全部花的 60％左右。每日上午开花最多,下午开花显著减少。天气晴朗时,当露水一干,就开花散粉,其中以上午 8:00—10:00 开花最盛,如遇阴雨天气,则开花时间推迟,雨停后不久就可以开花散粉。

雌花从开始开花到结束,一般为 2～5 d,有时可长达 7 d。其中第 2～4 d,大部分雌花已开放,柱头已基本抽齐。

3.授粉方式

玉米雄穗通常比雌穗早抽出 4～5 d,雄穗抽出后 2～5 d 开始开花。雌穗开花通常比雄穗开花要迟 3～4 d,如果遇到干旱,可延迟到 7～8 d。由于雌、雄穗生长在植株的不同部位,而且雌、雄花的花期相差几天,因此玉米为异花授粉作物。

4.花粉和柱头的生活力

玉米花粉的生活力与当时的气候状况有很大关系。当气温为 25～30 ℃、相对湿度为 60％时,生活力可保持 10 h 左右;当气温低、相对湿度为 80％时,生活力可保持 24 h 以上;当温度高于 32 ℃、相对湿度低于 30％时,花粉生活力很快会丧失。就一天来说,每天上午 8:00—10:00 散出的花粉生活力最强,而此时也正是玉米散粉最多的时候。

柱头的生活力可保持 10～15 d,但通常在抽出的最初 1～2 d,生活力最强。这时授粉结实率较高。干旱风往往使柱头凋萎,丧失生活力。

花粉借风力传播,一般落于四周 2～3 m 处,远的可达 500 m 以外,花粉落于花丝上 10 min 内就开始发芽,长出花粉管,授粉后 20～25 h 即完成受精。

三、主要仪器设备及用具

(1)实训材料:不同玉米品种或自交系。

(2)主要仪器及用具:剪刀、回形针、杂交袋、小杯、棉线、塑料牌、铅笔等。

(3)药品试剂:70％酒精。

四、操作步骤与方法

(一)自交技术

(1)选株。当雌穗膨大露出但尚未吐丝时,选择具有亲本典型性状、健壮无病的优良单株。

(2)雌穗套袋。先将雌穗苞叶顶端剪去 2～3 cm,然后用杂交袋套上雌穗,用回形针将袋口夹住。

(3)剪花丝。如已套袋的雌穗花丝抽出,则在下午取下套上的纸袋,用 70％酒精擦过的剪刀将已吐出的花丝剪齐,留下长约 2 cm 的花丝,再套回纸袋,待第二天上午授粉。

(4)雄穗套袋。在剪花丝的当天下午,用牛皮纸袋将同株的雄穗套住,雄穗在纸袋内要自然平展,将纸袋口对称折叠,用回形针卡住穗轴基部固定。

(5)授粉。在雄穗套袋的第二天上午,露水干后的盛花期进行授粉。注意每次去雄和授粉之前用酒精擦拭剪刀和手,以杀死所沾花粉。

① 采粉。用左手轻轻弯下套袋的雄穗,右手轻拍纸袋,使花粉都落在纸袋内,小心取下纸袋,折紧袋口并向下倾斜,轻拍纸袋,使花粉集中在袋口一角。

② 授粉。取下套在雌蕊上的纸袋,将采集的花粉均匀地撒在花丝上,随即套上纸袋,用回形针夹牢,封紧袋口。授粉时动作要快,切记不要触动周围的植株和用手接触花丝。如果花丝过长,用浸过酒精的剪刀将其剪成 6 cm 即可。

(6)挂牌。授粉后在果穗所在节位挂上塑料牌,注明材料代号或名称、自交符号、授粉日期和操作者姓名,并在工作本上记载。

(7)管理与收获。在授粉后一周内,花丝未全部干枯前,要经常检查雌蕊袋上的纸有无破裂或掉落,凡是花丝枯萎前纸袋已经破裂或掉落的果穗应淘汰。自交果穗成熟后要及时收获,收获时将塑料牌和果穗系在一起,晒干后分别脱粒连塑料牌一起放入种子袋中,袋外写明材料代号或名称,并妥善保存,以备下季使用。

(二)杂交技术

杂交工作中的套袋、授粉、管理等基本技术与自交相同,所不同的是自交是同株雌雄穗套袋自交,杂交所套的雌穗是母本,雄穗是父本,取自另一个自交系或品种。授粉后在塑料牌上写明组合名称或代号、授粉日期、操作者姓名等。

五、思考题

分析杂交成功和失败的原因,并与自花授粉作物的水稻或小麦比较杂交技术的特点。

实训五 油菜自交和有性杂交技术

一、实训目的

(1)了解油菜的花器构造和开花习性。
(2)掌握油菜的自交和有性杂交技术。

二、内容说明

(一)油菜的花器构造

油菜的花属于总状花序。每朵花有花萼、花冠各 4 片。开花时,花瓣呈十字形排列,黄色,雄蕊 6 枚,4 长 2 短,称为四强雄蕊。花药 2 室,成熟时上下裂开,雌蕊 1 个,柱头呈乳头形,花柱较短,子房中有假隔膜,分成 2 室,在雄蕊基部与子房之间有绿色蜜腺 4 个。油菜花器构造如图 5-3 所示。

(二)开花习性

油菜属十字花科($Cruciferae$)芸薹属($Brassica$),可以分成三大类型,即芥菜型、白菜型和甘蓝型,其天然异花授粉的程度因类型和品种的不同而不同。芥菜型和甘蓝型天然异交率一般较低,为 5%～10%,最高不超过 30%,属于常异花授粉作物;白菜型天然异交率较高,一般为 80%～95%,属异花授粉作物。

油菜的开花顺序是先主花序,而后第一分枝、第二分枝花序依次由上而下开放,同一花序的花朵无论是主花序还是分枝花序都是由下向上依次开放。油菜单株花期的长短因品种、气候和栽培条件而异,一般为 20～30 d,每天开花时间一般在上午 7:00—12:00,以9:00—11:00 开花最盛。油菜开花散粉的最适相对湿度为 75%～85%,最适温度为 14～18 ℃。10 ℃ 以下开花数减少,5 ℃ 以下一般不开花。就一朵花的开放过程来看,一般在下午 4:00—5:00 开始,到次日上午 10:00 左右花瓣全部展开,呈十字形,花药随之破裂,散出花粉。一朵花从开放到花瓣、雄蕊凋萎需 3～5 d,一个花序开花延续时间可达 1 个月以上,因此十分便于进行杂交工作。

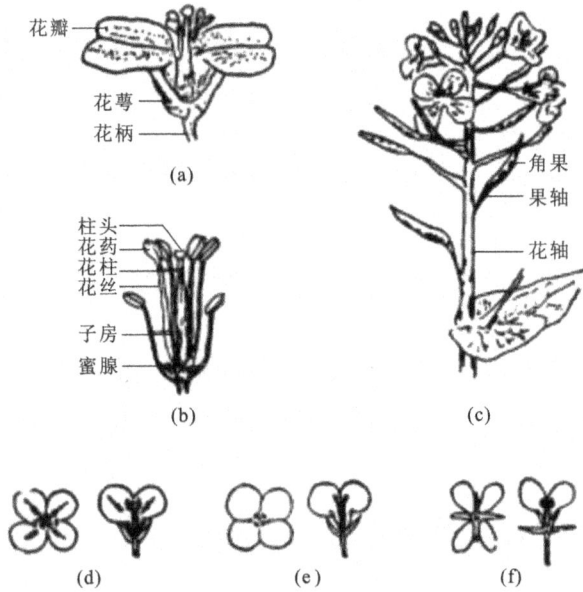

图 5-3　油菜花器构造

(a)花；(b)雌、雄蕊；(c)花序；(d)单花正面和侧面(甘蓝型)；
(e)单花正面和侧面(白菜型)；(f)单花正面和侧面(芥菜型)

油菜花的雌蕊较雄蕊先熟,且生命力较强,开花前后 7 d 内柱头均具有受精能力,但以 2～3 d 内受精结实率最高。油菜的花粉落在柱头上 45 min 后即可萌发,经 18～24 h 完成受精过程。

(三)油菜的自交不亲和性

在油菜杂种优势的利用上,可用优良的自交不亲和系作母本,优良品种作父本,产生强优势的杂交种用于生产,以提高油菜的产量。由于甘蓝型和白菜型油菜的自交不亲和系具有自交不亲和基因,在开花前 1～2 d 柱头上可形成一种由特殊蛋白质组成的"隔离层",它作为一种"感受器"能识别和阻止相同基因型的花粉发芽,一般套袋自交很难得到种子,因此自交不亲和系的保持和繁殖就必须在柱头未形成这类蛋白质的蕾期选株,并采用人工剥蕾后套袋自交或其他方法进行。

三、主要仪器设备及用具

(1)实训材料:不同油菜品种。

(2)主要仪器及用具:喉头喷雾器、剪刀、镊子、回形针、杂交袋、培养皿、棉线、塑料牌、铅笔等。

(3)药品试剂:70%酒精、10% NaCl。

四、操作步骤与方法

(一)自交技术

1.选株隔离

(1)自交前 1 d,选具有该品种典型性状、健壮无病虫害的植株,用镊子摘除花序上已开放的花朵,然后套袋隔离。

(2)次日上午 9:00 后,取下隔离袋,用镊子摘下主花序上当天开放的花朵,置于培养皿中,加盖,待授粉时使用。

2.剥蕾授粉

(1)整序。用镊子摘除同一株上将开放的较大的花蕾和花序顶端的幼小花蕾,剩下开花前 2～4 d 的 15～20 个花蕾供剥蕾授粉。

(2)授粉。用镊子将花瓣逐一剥开,使柱头外露(可以不去雄),随即用镊子夹取培养皿中已开裂散粉的花药,在剥开外露的柱头上轻轻涂抹授粉。若有几个组合同时授粉,每授完一个组合后用 70% 酒精棉球擦手和镊子,杀死所沾花粉。

除上述剥蕾自交外,也可喷洒化学药剂使隔离层蛋白溶解、沉淀和变性,以克服自交不亲和,如用 10% NaCl 喷洒当天开放的花朵,5～10 min 后授以同株上的花粉,也可获得自交种子。

3.套袋挂牌

授粉后重新套袋,下端袋口斜折,用回形针固定,注意切忌将回形针夹住茎秆,并在花序基部挂上塑料牌,写明品种代号或名称、自交日期和操作者姓名。

4.管理与收获

授粉套袋后,每隔 2～3 d 提升纸袋,以利花序伸长和避免穿破纸袋,约 1 周后取下纸袋,以利于角果和种子的发育。待角果成熟后,摘下整个花序连同塑料牌一起放入尼龙丝网袋中,晒干脱粒后,将种子连同塑料牌一起放入种子袋中,写明品种代号或名称,妥善保存。

(二)杂交技术

1.母本选株整序

选具有母本品种典型性状、生长健壮无病虫害的植株,用镊子将主轴和第一侧枝上顶端过小的花蕾与下部已开放的花朵全部摘除,保留中下部即将开放(花萼已裂开、微露黄色)的 10～15 个花蕾供去雄。

2.父本套袋隔离

杂交前 1 d,选具有父本品种典型性状、健壮无病虫害的植株,用镊子摘去花序上已开放的花朵,然后套袋隔离,以供采粉。

3.去雄

用左手固定花序和花蕾,右手持镊子分开萼片和花瓣,小心地将 6 枚雄蕊摘去,切勿损伤柱头和余留花药,如遇花药破裂,应将该花去除,并将镊子尖浸入酒精中,以杀死所沾花粉。

4. 套袋挂牌

待所有花蕾去雄完毕后,立即套上纸袋,下端袋口斜折,用回形针固定。挂好标牌,写明母本品种名称或代号、去雄日期和操作者姓名等。

5. 授粉

一般在去雄后的第二天授粉,必要时也可在去雄的同时进行授粉,于去雄后的当天或次日选晴朗天气进行。

(1)采粉。用镊子摘取事先已套袋且父本花药已开裂的花朵,置于培养皿中,加盖。

(2)授粉。取下母本株上的纸袋,用镊子夹取培养皿中的花药,在母本柱头上轻轻涂抹授粉。授粉后立即套袋隔离,挂上塑料牌,写明组合代号或名称、杂交日期和操作者姓名。

6. 管理与收获

授粉后约1周后取下纸袋,以利角果和种子的发育。待角果成熟后,摘下整个花序连同塑料牌一起放入尼龙丝网袋中,晒干脱粒后,将种子连同塑料牌一起放入种子袋中,写明组合代号或名称,妥善保存。

五、思考题

(1)解剖油菜的花,绘出油菜花器构造图。

(2)分析油菜出现自交不亲和现象的原因。

实训六 马铃薯有性杂交技术

一、实训目的

(1)了解马铃薯的花器构造和开花习性。

(2)掌握马铃薯有性杂交技术。

二、内容说明

马铃薯和其他作物一样,杂种优势的增产效应也很明显,尤其是单交种增产效应显著。马铃薯为同源多倍体,其遗传基础复杂,利用品种间杂交的实生种子开展实生薯留种,不仅可由实生种子自其亲体摒除病毒,产生杂种优势,还可综合两个亲本的优良经济性状选育出优良后代群体和新品系。同时,马铃薯的花器较大,便于人工杂交。因此,利用杂交实生种子生产种薯,实践上是可行的,经济效益也非常显著。

(一)马铃薯花器构造

马铃薯(*Solanum tuberosum* L.)为茄科(*Solanaceae*)茄属(*Solanum*),是典型的无性繁殖作物。然而,在适宜的环境条件下,马铃薯也可通过有性繁殖产生后代。马铃薯的栽培品种都属自花授粉作物,其自然异交率仅0.5%。但二倍体种多半自交不亲和。马铃薯的花序为聚伞花序,每个花序有 2～5 个分枝,每个分枝上有 4～8 朵花。每朵花由花柄、花萼、花冠、5 枚雄蕊和 1 枚雌蕊组成。花柄基部有离层,花易脱落;花萼连合成筒状,顶端 5 裂;花冠合瓣呈星轮状;雄蕊花丝短而花药长且直立,环抱花柱;成熟后的花药由粉囊顶开裂而散粉。柱头通常呈绿色乳头状,子房 2 室,内含多个胚珠。马铃薯花器构造如图 5-4 所示。

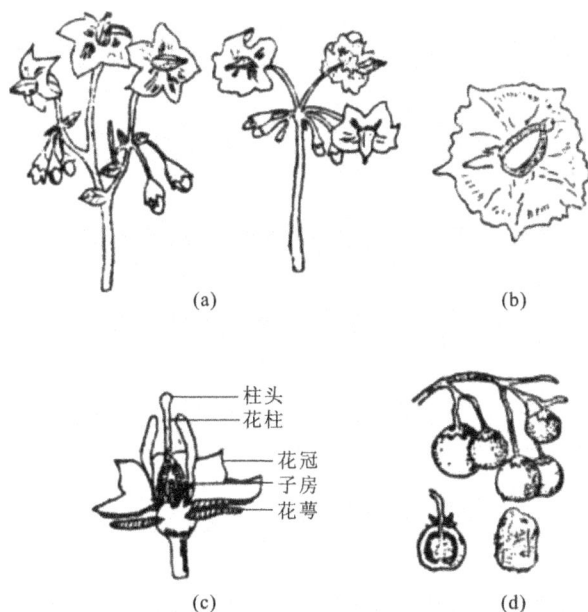

图 5-4　马铃薯花器构造

(a)花序;(b)花;(c)花的构造;(d)蒴果和种子

(二)开花习性

1. 开花顺序

马铃薯主茎花序的开花顺序是由里向外,自上而下,每个花序每日可开放 2～3 朵花,早熟品种略少。一个花序的花期一般为 5～7 d。每朵花开放时间可持续 2～4 d。

2. 开花时间

马铃薯在上午 6:00—8:00 开花最盛,下午较少,中午和夜间花冠闭合。条件适合时,花冠张开十分迅速,大约几秒钟甚至 2～3 min;条件不适合时,则立即停止开放。马铃薯在气温为 18 ℃左右,相对湿度为 70%以上,有阳光的情况下开花最旺盛。在气温为 15～20 ℃的条件下,马铃薯可产生较多正常能育的花粉;当气温达到 25～35 ℃时,花粉母细胞减数分裂不正常,花粉育性低。

3. 花粉和柱头的生活力

在自然条件下,花粉的生活力以开花后的第 2 d 最强。而柱头有先熟特性,并有较长时间接受花粉授精的能力。马铃薯花的雌蕊器官成熟特征为花冠新鲜、雌蕊柱头呈深绿色,并分泌出大量黏液,有光泽。雄蕊花药呈橙黄色,顶端有两个明显的黄褐色散粉孔。雌、雄蕊成熟早晚因品种而异:一般情况下,雌、雄蕊同时成熟。杂交时,如以该品种为母本,就应在成熟的花蕾中去雄、授粉。如以该品种为父本,就应在开花当日下午采集花粉。

三、主要仪器设备及用具

(1)实训材料:不同马铃薯品种。

(2)主要仪器及用具:剪刀、回形针、杂交袋、青霉素瓶、橡皮笔、棉线、塑料牌、铅笔等。

(3)药品试剂:70%酒精。

四、操作步骤与方法

(一)选株与整序

于杂交前 1 d 下午,选择具有母本品种典型性状、生长健壮、前期开花较多的植株,并选已有几朵花开放或开放不久的主茎花序整序。整序用剪刀将所选花序上已经开过的、很小或发育不全的花朵全部剪去,留下 3～5 朵刚开花但粉囊顶孔尚未破裂或次日即将开放的花朵供去雄。

(二)去雄套袋

对自交亲和的品种,必须进行去雄;杂交母本如果是雄花不育,天然不能结实的品种,则不必去雄,可直接授粉。去雄时,左手固定花蕾,右手用镊子尖小心地剖开花冠,使雄蕊露出,然后用镊子逐一将 5 枚花药取出。如花药破裂或粉囊顶孔开裂散粉,应将该花去除,并将镊子尖浸入 70%酒精中杀死所沾花粉。去雄完毕后,用杂交袋套上整个花序隔离,下端袋口斜折,用回形针固定,挂上塑料牌,写明母本代号或名称、操作者姓名。

(三)授粉

授粉一般可在去雄后第 2 d 上午 8:00—10:00 或下午 4:00—6:00 进行。亦可去雄后随即授粉。

1.采集花粉

于授粉前一天清晨露水干后,摘取父本中当日花朵已开,但粉囊顶孔尚不开裂散粉的成熟花朵 20～50 枚(视授粉用量而定,如大量制种可多采集,试配新组合则可少采集),装入专用纸袋内,立即带回室内,放在备好的培养皿内的光滑白纸上,并在白纸上注明该父本品种的名称。然后将其置于空气干燥的室内阴干 18～24 h;如遇雨天,室内湿度大,影响花粉干燥,可将其置于功率 40～60 W 灯光下进行加温干燥,温度保持在 28～30 ℃,切勿超过30 ℃。

将已阴干的花,用振粉器将花粉振出,倒入干净的小瓶(青霉素瓶便可)内,将瓶口塞上脱脂棉。每小瓶倒入花粉量不宜过多(约为小瓶容积的 1/3),否则会影响花粉蘸取。并在小瓶上贴上标签,注明花粉的品种名称。如遇阴雨天,不便进行授粉,或需要贮备大量花粉,以及因父母本花期不遇(尤其母本开花太晚),可将已采回阴干好的花粉置于干燥器内,放在室内,避免阳光直射,保存 15 d 花粉仍有 56%的受精能力。马铃薯的花粉在低温条件下丧失活力较慢,在 2.5 ℃条件下能保持生活力一个月。如将阴干的花粉贮藏在－20 ℃条件下,其生活力可长达两年。

2.授粉

晴天,以下午 3:00 到傍晚为宜,阴天不限,小雨无妨,可带伞授粉。授粉时,取下母本花序上的隔离纸袋,将橡皮笔伸入花粉瓶,用笔尖蘸取花粉,将花粉涂于母本柱头上。当小瓶内花粉将用尽时,可用手指轻轻弹击小瓶外壁,将残存在花药内的花粉弹出,以供继续使用。并可重复授粉,重复授粉可以提高杂交结实率及增加浆果结实粒数。要避开炎热的中午,以防影响花粉粒的生活力和发芽力。授粉后,在花柄离层处涂上 0.1% 萘乙酸羊毛脂膏,以防花果脱落,提高杂交结实率。

3.套袋

授粉后用杂交袋套上整个花序隔离,并在塑料牌上补写父本代号或名称和授粉日期,并在工作本上记录。

4.管理与收获

杂交 1 周后,取下纸袋,为防杂交果脱落或受外伤,此时最好用纱布口袋包起。成熟时,连同塑料牌一起及时收获,以防脱落。收后风干 2～3 d,以促进后熟作用;风干后,将浆果浸入清水中,至第 2 天浆果浸泡柔软后,把果内种子洗出、晾干并妥善保存,以备次年种植。

五、思考题

(1)马铃薯有性杂交的要点有哪些?
(2)请叙述马铃薯杂交的基本步骤。

实训七　烟草杂交技术

一、实训目的

(1)了解烟草的花器构造和开花习性。
(2)初步掌握烟草的杂交技术。

二、内容说明

(一)花器构造

烟草属茄科(*Solanaceae*)烟草属(*Nicotiana*),为一年生草本植物,天然异交率 1%～3%,为自花授粉作物。我国普遍栽培的是红花烟草(*N. tabacum* L.)和黄花烟草(*N. rustica* L.)。烟草的花是两性完全花(图 5-5),具有不整齐的辐射对称结构,5 个萼片、合萼,5 个花瓣结合构成管状花冠,长 4～6 cm,上部 5 裂;雄蕊 5 枚,花丝 4 长 1 短,4 枚长的与雌蕊长度相等,花丝基部着生在管状花冠的内壁顶端上,连在花药的背部,花药短而粗,呈肾形,由 4 个花粉囊构成,成熟时通常连成 2 室,花药向内做缝状裂开;雌蕊 1 枚,柱头 2 裂内凹,呈圆形,花柱 1 个,实心,子房由 2 个心皮组成,子房上位,中轴胎座,2 房 2 室,每室生有众多的胚珠,这些胚珠受精后即发育成种子。花萼绿色,钟形,由 5 个萼片愈合而成。

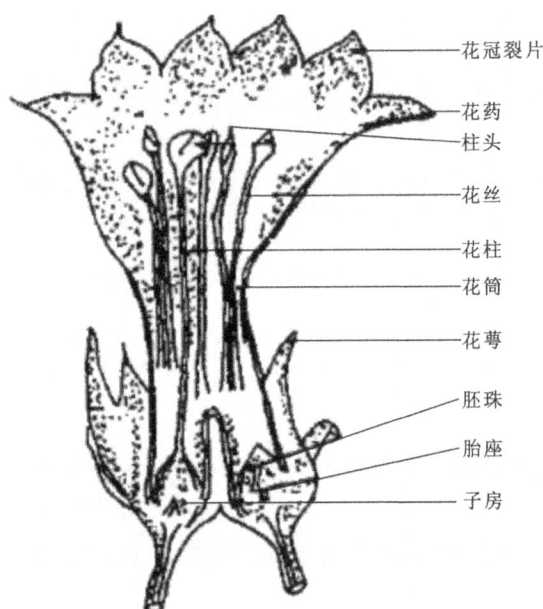

图 5-5　烟草花器构造

(二)开花习性

烟草一般在移栽后 50~60 d 开始现蕾,自现蕾到含蕾需 8~10 d,从含蕾到花始开需 2~3 d,其开花顺序是主茎顶端第一朵中心花最先开放,2~3 d 后花序上的花由里向外、由上而下陆续开放,单株花期 30~50 d。在整个花序开放的中前期,一个花序上一天内同时开放花朵数量最多的时候正是进行杂交的有利时期。烟草主要在白天开花,一般以上午8:00至下午 3:00 最盛。烟草开花期需要有强光照、适宜温度(22~25 ℃)和适宜的土壤含水量(约 10% 以上),如土壤含水量低于 2% 造成花朵大量脱落。

烟草是闭花授粉植物,在花冠开放前,其顶端已呈红色时,花药裂开,花粉已落在柱头上,因此在花冠开裂前,一般已经授粉,所以在做杂交去雄时,应在花冠呈微红色时进行。在自然条件下,烟草花粉生活力可维持数天以上,柱头在开花前 1~2 d 就有接受花粉的能力,但以开花当天最强,所以用当天开花的新鲜花粉给当天开花的母本枝头授粉,结实率最高。受精后子房膨大成蒴果,胚珠发育成约 2000 粒种子。

三、主要仪器设备及用具

(1)实训材料:不同烟草品种。

(2)主要仪器及用具:手术剪、尖头镊子、牛皮纸袋(40 cm×25 cm)、塑料吊牌、回形针、铅笔。

(3)药品试剂:70%酒精。

四、操作步骤与方法

(一)确定组合,种植亲本

(1)根据育种目标,确定杂交组合。

(2)种植好亲本。烟草多采用育苗移栽,为确保壮苗,播种种子要精选、消毒、催芽,适期播种,重茬地、蔬菜地和种过茄科作物的田块不宜用作苗床。

(二)杂交技术

(1)选株整序。

① 选择具有母本典型性状、生长健壮、无病虫害的植株,不宜选用开花过早或过晚的植株。

② 整序选留花冠尖端微红,花冠紧密接近张口,预见次日即可开花的花朵 10 朵左右供去雄,将其余已开放的花和花蕾及已结的青果全部剪去。

(2)去雄。

① 左手固定花蕾,右手持镊子在花冠一侧离花萼约 2 cm 处截入,往上将花冠剖开,或横向剪去花冠顶端部分,先检查花药是否有开裂,如尚未开裂,则用镊子取出 5 枚花药;如花药开裂散粉,则必须将该花剪去,并将镊子浸入 70% 酒精中,杀死可能沾附的花粉。

② 去雄完毕后,将整个花序套上纸袋,下端袋口用回形针别牢。

③ 在花序基部挂上塑料吊牌,用铅笔写明母本代号或名称和操作者姓名。

(3)父本套袋隔离。在母本去雄的同时,选择具有父本品种典型性状的植株,摘除花序上已开的花朵,然后套袋隔离。

(4)授粉。正常的授粉工作应在去雄的次日进行。

① 采粉。父本采粉时间全天均可,但以上午 9:00 左右最好,此时开花盛、花粉多且花粉生命力强。一般在花冠最终端稍转红色未打开时,为花粉精细胞发育的最佳时期。采粉时,用镊子取出刚开裂或即将开裂的花药置于棕色玻璃瓶内。一般来说,一朵父本花可以授 3~5 朵母本花。

② 授粉。母本去雄后也可当即授粉或隔 1~2 d 授粉。待所采花药开裂散粉时,去掉母本株上所套纸袋,每朵花在授粉前先检查前一天去雄是否彻底,如发现花朵内有雄蕊且花药已开裂,则摘除该花朵。用镊子夹取花药,将花粉轻轻地涂在柱头上(注意镊子尖不要碰伤柱头),应使柱头沾满大量花粉。也可用棉签授粉,授粉时将棉签伸入棕色瓶中,蘸取少许花粉,然后直接给母本的柱头授粉,一般来说,棉签每蘸一次,可授粉 5 朵左右的母本花。

当天采集的花粉当天用完,最好 1 个花序只做 1 个组合。

③ 授粉后重新套上纸袋,在塑料吊牌上补写父本名称和授粉日期。

④ 一个组合结束后,应将镊子用酒精棉球擦洗干净,再进行第二个组合。

(5)管理。授粉后 7~10 d,取下纸袋,统计花朵数是否与杂交花朵数相符,同时摘除杂交花序上新长出的幼蕾。

(三)收获与贮藏

授粉后约 1 个月,杂交蒴果变成褐色时连同塑料牌一起装入种子袋,种子复晒 3~4 d 后,妥善保存。

五、思考题

(1)杂交成功的关键因素有哪些?

(2)如何避免出现假杂种?

(3)每人做 1 个组合,每株选 10 朵花左右去雄杂交,杂交后 1~2 周统计结实率。

实训八 杂交育种程序确定

一、实训目的

(1)了解作物杂交育种程序。

(2)掌握各试验阶段的主要工作内容及相关育种操作技术。

二、内容说明

育种方法和程序与繁殖方式紧密相关,自交作物以常规杂交育种为主,异交作物则普遍利用杂种优势。常规杂交育种和杂种优势利用均适用于有性繁殖作物。杂交、选择、鉴定是作物杂交育种的重要环节。

尽管不同作物在各试验阶段所需的材料数目、所做的田间试验设计及主要工作内容有所不同,但其育种程序一般来说是相同的。自交作物杂交育种基本工作环节是原始材料圃—亲本圃—选种圃—鉴定圃—品系比较圃—区域试验圃—生产试验圃—原种繁殖圃;异交作物杂交育种基本工作环节是原始材料圃—亲本圃—自交系选育圃—鉴定圃—品系比较圃—区域试验圃—生产试验圃—自交系繁殖圃。

三、主要仪器设备及用具

(1)实训材料:自交作物和异交作物各试验阶段的育种材料、育种试验地。

(2)主要仪器及用具:田间种植图、田间试验计划书、铅笔、笔记本等。

四、操作步骤与方法

(一)自交作物杂交育种试验场圃(以水稻或小麦为例)

1.原始材料圃

一般按材料性状归类种植,如抗逆类、优质类、早熟类等。试验设计采用顺序排列,每份材料种一个小区(2~5 行),逢零设对照,不设重复。主要工作是观察和研究材料特征特性,重点材料应连年种植,一般材料可以室内保存种子,分年轮流种植。进行比较系统的观察记载,每年选出若干材料做杂交亲本,同时保存各份品种资源材料。

2. 亲本圃

每年从原始材料圃中选出符合杂交育种目标的材料作为亲本,种植于亲本圃。为了方便杂交,一般按组合将父母本相邻种植。生育期不同的杂交亲本,应分期播种,以便花期相遇;并适当加大行距,便于进行杂交。

3. 选种圃

种植 F_1 至 F_5 各世代材料,一般采用顺序排列,逢零设对照,不设重复,早代常稀植、点播。该场圃按组合的顺序排列,各世代按组合的顺序排列,在组合中按株系的顺序排列。其任务在于运用杂交后代的一些基本处理方法,从分离群体中根据育种目标选择优良的单株或株系,经逐代株系鉴定、选择,形成性状稳定、整齐一致的株系。将稳定而优良的株系作为品系进行鉴定试验。

4. 品系鉴定圃

种植选种圃升级而来的优良品系和上年鉴定圃留级保留的材料。常采用间比法或逢零设对照的顺序排列设计,重复 2~3 次或不设重复,一般每个小区种植 3~6 行。其目的在于全面鉴定各品系的主要农艺性状(如生育期、株型、抗病虫性、品质等),以及其遗传稳定性,同时继续稳定和扩大种子量,每一品系一般鉴定 1~2 年。产量超过对照,达到一定标准的优良一致的品系,升级至品种比较试验,少数再试验 1 年,其余淘汰。

5. 品系比较圃

种植鉴定圃升级而来的优良品系、上年品种比较试验留级的品系及引入的品种。常采用随机区组设计,重复 2~4 次,小区面积可增加至 20~40 m²,由于每年的气象条件不同,而不同品种或品系对气象条件又有不同的反应,为了确切地评选品种或品系,一般材料要参加 2 年以上的品种比较试验。其目的在于对各品系的丰产性、生育期、抗性、主要农艺性状和品质进行更全面的观察、鉴定。根据田间观察、抗性和品质鉴定及产量表现,选出最优良的品种或品系,参加全国或各省(自治区、直辖市)组织的区域试验。

6. 品系区域试验圃

该试验是由品种审定机构主持,在一定区域范围内所进行的多点试验。其主要目的是考察新品系在不同地区的产量能力、性状表现、适宜推广的区域范围和推广价值。区域试验的试点应有代表性且分布合理。试验设计(如小区面积、排列方式、供试材料数、对照、重复次数、记载项目和标准)按统一规定执行。种植各育种单位提供的新品系。新品系按熟期分组,各组采用随机区组设计,重复 3~5 次,试验进行 2~3 年。

7. 生产试验圃

种植在本生态区内通过区域试验表现优良的品系和对照品种。一般采用大区不设重复的对比试验,大区面积要在 500 m² 以上。其主要目的是鉴定品系在大田生产情况下群体的生产性能、主要农艺性状表现、配套栽培技术等,该试验一般进行 1 年或 2 年。

8. 原种繁殖圃

繁殖正式命名推广品种的原原种(超级原种)和原种,或对已推广品种进行提纯、复壮。

(二)异交作物杂交育种试验场圃(以玉米为代表)

1. 原始材料圃

材料有两类:第一类是各种来源的自交系,须人工自交保存(田间设计同自交作物);第二类是各种来源的品种和群体,须在隔离区内自由授粉或人工混合授粉保存,小区面积较大。自交方法是:用适宜大小的防水纸袋分别套住雌、雄花序,开花散粉前进行人工授粉自交。收获后再进行穗部观察,淘汰病穗、劣穗。中选果穗分别脱粒、编号、保存。

2. 亲本圃

同自交作物。

3. 自交系选育圃

种植各种来源的自交后代,结合选择进行自交,同时进行测交来培育自交系。

4. 鉴定圃

材料分两类:一是测交鉴定材料,测验自交系选育圃入选材料的配合力;二是杂交鉴定材料,鉴定各类杂交种的产量和其他农艺性状。田间设计同自交作物鉴定圃。

测定自交系配合力是组配强优势杂交种必不可少的工作环节。测定自交系配合力的方法很多,通常采用一父多母隔离区测定法和多系测交法。前者是把各个被测系顺序种植在一个隔离区内,以共同测验种作父本,将花粉给自交系材料自然授粉,分别产生多个测交种。来年通过测交种产量比较,得出各个被测自交系的配合力。后者则是利用几个优良自交系或骨干系作测验种,与一系列被测系测交,产生一系列单交组合,下代做产量比较,得出各个被测自交系的配合力。

5. 品系比较圃

进一步鉴定和比较通过鉴定试验的各类杂交种,各项要求同自交作物。

6. 区域试验圃

同自交作物。

7. 生产试验圃

同自交作物。

8. 自交系繁殖圃

提纯和繁殖已推广杂交种或拟参加区试以上试验的新杂交种的亲本自交系,也包括三交或双交种的亲本单交种的配制。小面积可以人工授粉,大面积必须在隔离区内进行。

五、思考题

(1)写出自交作物杂交育种程序及各试验场圃的田间设计。

(2)比较自交作物和异交作物常规育种程序的异同。

实训九　水稻杂种后代的田间鉴定与评价

一、实训目的

了解和初步掌握水稻杂种后代单株系谱法的一般程序和基本方法。

二、内容说明

准确、有效地进行杂种后代的鉴定和选择是杂交育种的一项最重要的环节,其既是一门科学又是一门工艺,通常需要在遗传育种学理论的指导下反复实践才能逐渐入门和掌握。品种间杂种后代的选择方法因选择对象和目的不同而有差异,一般分为单株选择法和混合选择法,我国大部分育种单位用单株系谱选择法,从育种试验阶段的分裂世代中根据育种目标和性状遗传力的大小进行单株选择,首先在优良组合 F_2 中选择优良单株,F_3 起应选优良系统(株系),再在优良系统中选择优良单株。

杂种后代所选性状及标准因各地目前育种实际和所处世代不同而有差异。总的来说,为提高选择效率,需根据各性状遗传规律和遗传力的高低,确定各性状的有效选择世代和方法,如株高、生育期、穗长、粒形、千粒重、某些抗病性等遗传力较高的性状,可在低世代严格选择,而有效穗、穗粒数、产量、品质等的遗传力较低,应在高世代严格选择。既要着重于主要目标性状的仔细观察和评定,又需根据丰产性、品质、抗逆性等综合性状的整体表现,结合考种数据慎重决定。

三、主要仪器设备及用具

(1)实训材料:水稻育种试验地的杂种及其分离时代的育种材料。

(2)主要仪器及用具:米尺、塑料牌、牛皮纸、铅笔、记载本、剪刀、计算器等。

四、操作步骤与方法

(一)生育期调查

(1)播种期:实际播种日期(月/日,下同)。

(2)移植期:实际移植日期,并注明秧苗期(d)、行株距、每穴苗数、每亩基本苗(回青后调查)。

(3)始穗期、齐穗期:分别指有 10% 和 80% 的稻穗顶露出剑叶叶鞘时的日期。

(4)成熟期:早造常规稻 90% 以上,杂交稻 85% 以上实粒黄熟的日期;晚造常规稻 95% 以上,杂交稻 90% 以上实粒黄熟的日期。要求成熟期收割。

(5)全生育期:播种到成熟的天数。

(二)形态特征调查

(1)叶片形态和颜色:分蘖盛期观察(做原始记录,不上报)。

① 叶色:分浓、中、淡三级。

② 叶姿:根据叶片生长情况分直、中、弯三级。

③ 剑叶长度:分为长、中、短三级。大于 35 cm 为长;25~35 cm 为中;小于 25 cm 为短。

④ 剑叶宽度:分为宽、中、窄三级。早造 2 cm 以上,晚造 1.5 cm 以上为宽;早造 1.5~2 cm,晚造 1.2~1.5 cm 为中;早造 1.5 cm 以下,晚造 1.2 cm 以下为窄。

⑤ 剑叶角度:剑叶基部与穗颈基部形成的角度,分为大、中、小三级。大于 45°为大;小于 30°为小;介于两者之间为中。

(2)株高:乳熟期调查,随机取样 10 株,测量自土面至最高穗尖(不连芒)的高度,分三级。110 cm 以上为高秆;90~110 cm 为中秆;90 cm 以下为矮秆。

(3)茎集散:分蘖盛期目测,分为集、中、散三级。斜出 15°以下为集;45°以上为散;介于两者之间为中。

(4)穗长:同一重复内取样,每品种 5 株,测量每穗穗颈节至穗顶(不连芒)的长度,取平均数。

(5)抽穗整齐度:始穗至齐穗时间,常规稻不超过 5 d 为整齐,杂交稻不超过 7 d 为整齐。

(6)熟色:根据水稻成熟期的茎叶转色情况、剑叶枯萎程度及谷粒色泽,分为好、中、差三级。

(7)谷色:谷粒完熟时的颖壳的颜色。

(三)生物学特性调查

(1)最高苗数:包括主茎在内的每亩最高总苗数。在分蘖高峰前后调查,区试每小区连续调查 10 株生长正常植株,两次重复。生产试验每品种 5 点取样,每点 5 株,共调查 25 株。调查结果折算成每亩最高总苗数。

(2)有效穗数:凡抽穗后结实 10 粒以上的称为有效穗(螟害白穗及穗颈瘟病株应作为有效穗),收割前调查。区试每小区固定调查 10 株,两次重复;生产试验每品种调查 20 株。调查结果折算成亩有效穗数。

(3)成穗率:

$$成穗率(\%) = \frac{每亩有效穗数}{每亩最高总苗数} \times 100\%$$

(4)每穗粒数:同一重复内取样,每品种 5 株,调查每穗总粒数、结实粒数(充实程度 1/3 以上的谷粒,含落粒)。

(5)结实率:

$$结实率(\%) = \frac{结实粒数}{总粒数} \times 100\%$$

(6)落粒性(做原始记录,不上报):手轻搓稻穗,分三级。不落粒或少落粒为难;部分落粒为中;落粒较多或田间落粒为易。

(7)千粒重:去除空、秕谷,晒至含水率低于 13.5%,随机数谷粒 1000 粒,三次重复,分别称重,取其相近两次的平均数,以 g 表示。

(8)着粒密度:

$$着粒密度=\frac{平均每穗粒数}{平均穗长(cm)}\times100\%$$

(9)实际产量:小区晒干风净后的实际产量,折算公顷产量,以 kg 表示。

(10)日产量:实际产量除以全生育期。

(四)抗逆性调查

(1)耐寒性:早造苗期在寒潮过后,观察植株叶色变化,叶片凋萎程度,烂秧、死秧情况,分三级。生长正常,苗色不变为强;苗呈黄色至白色为中;苗呈褐色至死亡为弱。晚造孕穗期至抽穗扬花期遇低温冷害后,调查结实率降低和减产程度,按结实率降低幅度,将品种耐寒性分为 1～5 级:1 级为强,结实率降低 5% 以内;2 级为中强,结实率降低 5%～10%;3 级为中,结实率降低 10%～20%;4 级为中弱,结实率降低 20%～30%;5 级为弱,结实率降低 30% 以上。

(2)抗倒性:记载倒伏原因、倒伏时间(注明发育阶段)、倒伏面积(目测倒伏面积占试验区面积百分率)。倒伏程度分三级。茎秆直立或基本直立(倾斜度不超过 15° 者)为直;茎秆倾斜度大于 15° 但小于 45° 为斜;茎秆倾斜度大于 45° 为倒。

(3)田间抗病性:分别在苗期、本田苗峰期、乳熟期调查白叶枯病、纹枯病、叶瘟、穗颈瘟等病害。

(五)杂种后代的选择

根据确定选择的主要性状和标准,在低代圃如 F_2 圃依据株高、生育期等性状进行选择,高代圃则依据有效穗、穗粒数、单株生产力等性状进行选择,同时注重抗性、品质、丰产性、株叶型的选择。

五、思考题

(1)独立完成实验,4 人为 1 组,每组选择单株 6～8 株。

(2)完成实训报告:记录结果并分析。

实训十　作物田间单株选择技术

一、实训目的

(1)了解作物杂种后代田间单株选择的标准。

(2)掌握作物杂种后代田间单株选择的方法。

二、内容说明

单株选择是作物育种和良种繁育的关键技术环节,熟练掌握单株选择的标准和方法是进行育种和良种繁育的一项基本技能。选择单株的标准因育种目标、育种途径和选择世代的不同而有所差异。杂交育种中的单株选择,要根据育种目标、亲本材料特性和后代分离情况综合考虑,选择综合了双亲优良性状的单株。系统育种的单株选择,根据育种目标和选株的基本材料确定具体的选择标准。良种繁育时,单株选择要根据原品种的典型性、丰产性、优质性综合考虑,三性兼顾。在杂交育种的不同分离世代,选择的性状和标准也应有所侧重。在早期分离世代,重点对质量性状、少数基因控制的遗传力高的性状进行选择,选择标准要严一些,如株型、叶形、抗虫性、抗病性及纤维强度等;对多基因控制的数量性状,如多数的产量性状,要适当放宽,到高世代再重点选择。

在杂交育种工作中,常采用系谱法对杂种后代进行单株选择。单株选择一般从杂种分离世代开始,一直延续到选出优良的品系。但早代的选择更为重要,选株的重点是在 F_2 代和 F_3 代。在 F_2 代首先按照育种目标评选出优良的杂交组合,作为选择优良单株的重点;其他非重点组合,如有优良单株也应选出。在 F_3 代,应首先评选出优良的系统,再从中选择优良的单株。至 F_4 代及更高的世代,除对不稳定株系内的优良单株继续进行选择以外,选择的重点已转为优良品系的评定与选拔。如 F_5 的个别当选系统,性状优良而又整齐一致时,也可将整个系统内的植株混收成为一个品系。

三、主要仪器设备及用具

(1)实训材料:小麦育种试验田的杂种后代($F_2 \sim F_5$)材料。

(2)主要仪器及用具:田间种植图、田间试验计划书、纸牌、米尺、钢卷尺、铅笔及记载本等。

四、操作步骤与方法

(一)田间单株选择的时期

田间单株选择主要在苗期、抽穗期至成熟期等几个阶段进行。

苗期主要针对幼苗生长健壮情况、分蘖力强弱、幼苗习性、越冬性等进行选择。所选单株可用红绳或挂牌标记。选择时间一般在12月中下旬至返青以前。

小麦抽穗以后,很多性状都表现出来,所以从抽穗至成熟是选择的关键时期。在此阶段,要根据育种目标,在苗期选择的基础上,对株高、穗子大小、穗部结构好坏、株型等性状进行全面评选,并对抗病性、抗逆性进行调查、鉴定。

收获前,在前期评选的基础上,结合成熟早晚及熟相等进行田间最后一次决选。同时,要注意选留一些综合性状并不太好,但具有某些独特优良性状的材料,以用作今后育种的亲本。

(二)田间单株选择步骤

(1)在性状表现最为集中的乳熟期进行。

(2)在 F_2 及其以后的分离世代,根据育种目标,选择特别优良的单株。要求首先依组合、株系群、株系的顺序进行群体评选,然后在优良的株系内选择优良的单株。行端或缺苗断垄处,应提高选株的标准。所选单株挂纸牌作为标记。

（3）对上述初选的特别优良的单株进行复评排队，以确定入选单株的重要程度及名次。选中的单株按组合分别收获，当选株系混收为品系，带回室内考种。最后根据田间表现优劣，结合室内考种结果，对当选单株进行综合评定，以决定其取舍。

五、思考题

（1）对杂种低世代和高世代的单株选择，应如何掌握选择的标准？
（2）在抗性育种评选单株时，应怎样考虑综合性状的主次？

实训十一　异交作物杂种优势与 F_2 衰退现象的观察

一、实训目的

（1）了解异交作物的杂种优势与自交衰退现象。
（2）掌握杂种优势的度量方法。

二、内容说明

异花授粉作物自交所带来的遗传效应之一是自交衰退，自交衰退常常表现为植株弱小、不抗病等。自交衰退是有害基因纯合的结果，正由于自交衰退淘汰了不良基因，两个纯合体杂交的 F_1 在生长势、生产量与抗逆性等方面表现出优于其双亲即杂种优势的现象。

杂种优势的度量有以下五项指标。

1. 超中优势

$$超中优势 = \frac{F_1 - (P_1 + P_2)/2}{(P_1 + P_2)/2} \times 100\%$$

2. 超亲优势

$$超亲优势 = \frac{F_1 - HP}{HP} \times 100\%$$

$$负向超亲优势 = \frac{F_1 - LP}{LP} \times 100\%$$

3. 超标优势

$$超标优势 = \frac{F_1 - CK}{CK} \times 100\%$$

4. 杂种优势指数

$$杂种优势指数 = \frac{F_1}{\dfrac{P_1 + P_2}{2}} \times 100\%$$

5. F_2 优势降低率

$$F_2 优势降低率 = \frac{F_2 - F_1}{F_1} \times 100\%$$

三、主要仪器设备及用具

(1)实训材料:6个玉米自交系及其组配的3个玉米杂交种和F_2、生产上推广种植的良种(CK)。

(2)主要仪器及用具:直尺、钢卷尺、米尺、游标卡尺、电子天平、铅笔、记载本等。

四、操作步骤与方法

(一)田间植株性状测定

2人一组,对三个玉米杂交组合的P_1、P_2、F_1及CK,每个材料分别随机取3株,F_2随机取10株,在田间测定每株的株高、叶片数、棒三叶面积(或果穗的有关性状)等,求其平均数,然后进行杂种优势的计算。

株高:乳熟期选有代表性的植株10~20株,从地面量至雄穗顶端的高度。

茎粗:与测株高同时进行,量其地面第三节间中部直径,求其平均值,以 mm 表示。

叶片数:吐丝期至抽雄期计数全株绿色叶片总数。

棒三叶面积:分别量取棒三叶的最大长度与最大宽度,计算出每叶的叶面积后求和。

叶面积＝长×宽×0.75。

(二)穗部性状测定

2人一组,对三个玉米杂交组合的P_1、P_2、F_1及CK,每个材料分别随机收获3穗,F_2随机取10穗,在室内测定穗行数、行粒数、百粒重,求其平均数,然后进行杂种优势的计算。

(三)数据汇总分析

对全班试验数据进行整理(可以安排专人负责),并发放给每个同学,每个同学利用全班数据计算各性状的平均值及杂种优势,把全班数据各性状值作为标准值,利用假设测验分析自己的数据与全班数据的差异,分析差异产生的原因。

五、思考题

(1)杂种第二代能不能继续在生产中利用? 为什么?

(2)自花授粉作物和异花授粉作物,哪一个自交衰退更严重? 为什么?

(3)为什么生产上小麦杂交种应用较少?

模块六　种子生产技术篇

实训一　玉米亲本繁殖和杂交制种技术

一、实训目的

(1)掌握杂交玉米亲本自交系繁殖技术。
(2)掌握玉米杂交制种技术。

二、内容说明

玉米是利用杂种优势最早的作物之一,当前以自交系间杂种优势利用较为普遍。玉米是异花授粉作物,比较容易发生生物学混杂,因此生产高纯度的杂交种是杂交玉米繁殖和制种的中心任务。其繁殖和制种的要点是:① 设置隔离区;② 父母本花期相遇良好;③ 自交系纯度要高;④ 对母本自交系进行人工去雄和辅助授粉。

三、主要仪器设备及用具

(1)实训材料:玉米自交系繁殖隔离区和玉米制种隔离区。
(2)主要仪器及用具:纸牌、铅笔、硫酸纸袋、回形针等。

四、操作步骤与方法

(一)亲本自交系繁殖技术

要保证亲本自交系的高纯度,必须分别将各亲本自交系在严格隔离的条件下进行繁殖。

1.选地隔离
选好隔离区是保证种子纯度的关键。应选择地势平坦、土地肥沃、灌溉方便的地块。

2.隔离方法
常用的隔离方法有以下几种。

(1)空间隔离。空间隔离就是要求隔离区四周不能有其他玉米品种,单交制种区要求隔离区距离不少于 400 m。

(2)时间隔离。把隔离区玉米的播种期同区外邻近玉米的播种期错开,也能达到隔离的目的。一般情况下,春播制种玉米与大田玉米的错期约为 40 d,夏播玉米错期约为30 d。各地因自然条件不同,可根据情况灵活掌握。如果大田玉米播种在前,玉米制种可减少与大田玉米的错期,但不应少于 20 d。要根据大田玉米和制种玉米的花期来确定合适的错期隔离时间。

(3)自然屏障隔离。自然屏障隔离就是利用山岭、村庄、房屋、成片树林等自然障碍做隔离,设置玉米隔离区。

(4)高秆作物隔离。隔离区周围种植高粱、麻类等高秆作物。要求隔幅在 50 m 以上,高秆作物要适当早播。

(5)父本隔离带。用高秆父本在制种田四周种植 30 m 的隔离带。应当注意,制种隔离区内,除制种玉米外,不应种植其他玉米。根据实际情况,玉米制种隔离区的设置可以是上述几种方法的综合运用。

为了隔离安全,有时把上述隔离方法结合使用,效果更好。

3.隔离区各自交系繁种比例

根据自交系产量高低而定。一般情况下,单交种父母本自交系的繁种比例大约为 1∶4,双交种(甲×乙)×(丙×丁)四个自交系的繁种比例大约为 4∶2∶2∶1。

4.加强田间管理

自交系生长势较弱,易受不良环境的影响,因此对繁殖隔离区必须注重精种细管,以提高自交系的产量。

5.严格去杂、去劣

在苗期、抽雄前及收获后,要严格去杂、去劣。

(二)杂交制种的基本技术

1.选地隔离和隔离方法

同亲本自交系繁殖技术。

2.规格播种

(1)调节父母本双亲播种期。配制一个杂交种,尤其是一个新杂交种,首先要由技术部门根据品种特性提供详细的制种技术计划和技术措施,以确定制种双亲的播种期,确保父母本花期相遇。如果双亲的花期相同或母本花期比父本花期早 1～3 d,父母本可同期播种,双亲的花期相差 4 d 以上,就需要错期播种,先播花期较晚的亲本,隔一定天数再播另一亲本。调节播种期要掌握"宁可母等父、不要父等母"的原则。但要注意,不能让母本等父本的时间过长。有时候,为了保证双亲花期相遇,多采用多期父本错期法,即父本分两次或三次播种。当一个新品种制种时,多采用多期父本错期法。

(2)父母本行比。父母本种植行比要根据制种双亲的相对株高和父本的花粉量来确定,通常单交制种区父母本的行比为 1∶3～1∶2,在母本植株高度较父本小,父本花粉量较大,花期较长的情况下,父母本的种植行比可以扩大到 1∶6～1∶4。在父本植株较高,花期较长,花粉量较大,气候条件相对较好,且可以进行人工辅助授粉的情况下,父母本的种植行比可以扩大到 1∶8。

(3)父本行或母本行种标记作物。制种田播种必须严格分清父母本行,并分别做好标记,严防重播、漏播和交叉错行。

(4)合理密植,保证播种质量,做到一次全苗。种植密度按自交系特性而定,单交种制种区 4000～5000 株,双交种制种区 3000～3500 株。

3.严格去杂、去劣

在苗期、抽雄前、脱粒前分三次,根据自交系的特点,严格去杂、去劣。

4.母本彻底去雄

母本去雄好坏是制种成败的关键,去雄应做到及时、干净、彻底。及时就是在母本雄花刚抽出尚未散粉前就拔出;干净就是把整个雄穗全部拔出,一个小分枝都不留;彻底就是整个制种区应一株不留地拔出母本雄花。

5.加强人工辅助授粉

由于玉米自交系生长势弱,花粉量少,为提高繁殖、制种产量,必须进行人工辅助授粉 2～3 次,特别是父母本花期相遇不良好的情况下,更应该加强这项工作。

6.分收分藏

繁殖、制种的玉米成熟后,各隔离区不同亲本的果穗应分别及时收获,一般先收父本,再收母本,以保证母本上所收杂种种子的纯度。做到分收、分晒、分脱、分藏,严防机械混杂,并及时在袋内外放置和挂好标签。在标签上注明生产种子的时间、单位、种子数量。

五、思考题

(1)繁种和制种的本质区别是什么?
(2)繁种和制种工作的关键因素各有哪些?

实训二　种子室内检验技术

一、实训目的

(1)了解种子室内检验的原理。
(2)掌握种子室内检验中的扦样、净度分析、发芽试验、水分测定等项目的检验技术。

二、内容说明

种子室内检验是用标准方法对种子样品的质量进行正确的分析、评定,以判断其质量的优劣,评定其种用价值的应用技术。扦样是种子室内检验工作的第一步,扦样是否正确、是否有代表性,直接影响检验结果的可靠性。在种子室内检验中,净度、发芽力和水分含量是主要的检验指标。

三、主要仪器设备及用具

(1)实训材料:作物种子。
(2)主要仪器及用具:盛样器、样品袋、样品筒、扦样器、分样器、封口蜡、标签、电子天平(感量 0.001 g)、发芽皿、发芽箱、滤纸、纱布、镊子、电烘箱、电动粉碎机、样品盒、干燥器等。

四、操作步骤与方法

1.扦样

(1)划分种子批。每一批种子不得超过《农作物种子检验规程 扦样》(GB/T 3543.2—1995)检验规程规定的质量,其容许误差为5%。若超过时须分成若干个种子批,分别给以批号。

(2)扦样。

① 袋装种子扦样法:按《农作物种子检验规程 扦样》(GB/T 3543.2—1995)检验规程规定确定扦样袋数。

中小粒种子用单管扦样器,扦样时先用扦样器尖端拨开袋线孔,扦样器凹槽向下,自袋角处与水平成30°角向上倾斜插入袋内,直至袋的中心,再把凹槽反转向上抽出扦样器,从空心手柄中倒出种子,并将袋口拨回原状。

大粒种子可拆开袋口,用双管扦样器扦样,插入前关闭孔口,插入后打开孔口,种子落入孔内,再关闭孔口,抽出袋外,缝好拆口。

② 散装种子扦样法:按《农作物种子检验规程 扦样》(GB/T 3543.2—1995)检验规程规定确定扦样点数,随机扦取不同部位与深度,各点扦取的数量大体相等。

长柄短筒圆锥形扦样器扦样时,旋紧螺钉,再以30°角插入种子堆,到达一定深度后用力向上一拉,使活动塞离开进谷门,略微振动,使种子掉入,然后抽出扦样器。

双管扦样器扦样时,扦样器垂直插入,操作方法与袋装种子扦样法相同。

(3)分取送验样品。将全部初次样品混合在一起,成为混合样品,然后用分样器或四分法将混合样品分取到规定的数量成为送验样品。

2.净度分析

(1)重型混杂物的检验。

先将质量和体积明显大于所分析的,且对净度分析结果有较大影响的重型混杂物分离并称重。

(2)试验样品的分取。

试验样品质量一般应为2500粒种子的质量,但不同作物规定的试样最低质量不同,可按《农作物种子检验规程 扦样》(GB/T 3543.2—1995)检验规程规定执行。

(3)试样的分离。

试样称重后,借助放大镜、筛子、吹风机等器具或用镊子施压,在不损伤发芽力的基础上进行检查,将试样分离出净种子、其他植物种子和杂质3种成分。当不同植物种之间区别困难或不可能区别时,则填报属名,该属的全部种子均为净种子,并附加说明。分离后各成分分别称重,以 g 表示,折算为百分率。

(4)其他植物种子数目的测定。

其他植物种子数用实际测定试样质量中所发现的种子数表示,但通常折算为样品单位质量(每 kg)所含的其他植物种子数,以便比较。

$$其他植物种子含量(粒/kg)=\frac{其他植物种子数}{试验样品质量(kg)}\times100\%$$

(5)结果计算。

① 分析结束后,将净种子、其他植物种子和杂质分别称重,精确度与试样相同,然后将以上各成分质量之和与原试样质量进行比较,核对分析期间物质有无增失,如增失超过原来质量的5%应重新分析。

② 最终结果的修正:各种成分的最终结果应保留1位小数,其和应为100.0%。否则应在最大的百分率上加上或减去不足或超过的数(修正值),计算中有含量小于0.05%的成分,应将该数字除去,填报"微量"。送验样品中有重型混杂物时,最后净度分析结果按下式计算。

净种子:
$$P_2=P_1\times\frac{M-m}{M}(\%)$$

其他植物种子:
$$OS_2=OS_1\times\frac{M-m}{M}+\frac{m_1}{M}\times100\%$$

杂质:
$$I_2=I_1\times\frac{M-m}{M}+\frac{m_2}{M}\times100\%$$

式中　M——送验样品的质量,g;

　　m——重型混杂物的质量,g;

　　m_1——重型混杂物中其他植物种子的质量,g;

　　m_2——重型混杂物中杂质的质量,g;

　　P_1——除去重型混杂物后的净种子质量百分率,%;

　　OS_1——除去重型混杂物后的其他植物种子质量百分率,%;

　　OS_2——修正后的净种子质量百分率,%;

　　I_1——除去重型混杂物后的杂质质量百分率,%;

　　I_2——修正后的其他植物种子质量百分率,%;

　　P_2——修正后的杂质质量百分率,%。

最后应检查:
$$P_2+OS_2+I_2=100.0\%$$

(6)结果报告。

净种子、其他植物种子和杂质的百分率必须填在检验证书规定的空格内。若一种成分的结果为0,必须在相应的空格内用"0.0"表示。若其中一成分少于0.05%,则填报"微量"。最终结果就在《农作物种子检验规程　扦样》(GB/T 3543.2—1995)检验规程规定的容许误差内。

3.发芽试验

(1)数取试样。在净种子中随机数取,中小粒种子100粒/次,重复4次;大粒种子或带有病原菌的种子25~50粒/次,重复8~16次。

（2）准备发芽床。按《农作物种子检验规程　扦样》(GB/T 3543.2—1995)检验规程规定，根据作物种类选择适宜的发芽床。其中大粒种子宜用沙床或纸床，中、小粒种子宜用纸床。

（3）种子置床。

① 沙床：种子置于湿润沙的表层。

② 沙中：种子置于平整的湿润沙上，再覆盖一层 10～20 mm 的松散沙。

③ 纸床：纸上，将滤纸等平铺在发芽皿内，加水至饱和，摆上种子，盖上盖。

④ 纸间：把种子放在两层纸中间发芽。

（4）标记。在发芽皿底盘的外侧贴上标签，写明样品号码、置床日期、品种名称、重复次数、产地等，并登记在发芽试验记录簿上，盖好发芽皿盖以保持湿度。

（5）发芽。根据作物种子种类预先将发芽箱调至发芽所需温度，然后将置床的发芽皿放入发芽箱内支架上。

（6）检查管理。每天检查一次，定时、定量补水，若种子表面生霉应取出洗涤后放回，必要时更换芽床，腐烂的种子及时取出记下。

（7）幼苗鉴定。初期、中期记载时，将符合标准的正常幼苗和腐烂种子分别记载，未达标小苗、畸形苗、未发芽种子要继续发芽。末次记载时，正常苗、硬实种子、新鲜不发芽的种子、不正常幼苗、腐烂霉变等死种子都如数记载。

（8）结果报告。种子发芽试验结果要以正常幼苗、不正常幼苗、硬实、新鲜不发芽种子和死种子的百分率表示。各部分的总和应为 100% 且达到容许误差，填写到种子发芽试验记录表中。

4. 水分测定

（1）高温烘干法。其适用于水稻、小麦、菜豆、高粱、玉米、豌豆、甜菜等作物。

① 预调烘箱温度为 140～145 ℃，取样，磨碎，在 130～133 ℃下烘 1 h。

② 在高温烘干时，必须严格掌握规定的温度和时间，否则易造成种子内有机物质分解、变质、样品变色、烘干失重增加、水分测定结果偏高。

③ 容许差距。

若一个样品的两次测定之间的差距不超过 0.2%，其结果可用平均值表示，否则重做。

④ 结果报告。

结果报告填入检验结果表中，精确度为 0.1%。

$$种子水分含量(\%) = S_1 + S_2 - \frac{S_1 \times S_2}{100}$$

式中　S_1——第一次整粒烘干失去的水分含量，%；

　　　S_2——第二次整粒烘干失去的水分含量，%。

（2）低温烘干法。其适用于大豆、向日葵、萝卜、亚麻、花生、葱、茄子等作物。

① 预热烘箱：首先使烘箱加热，当温度上升至所需温度时，令烘箱处于恒温状态。

② 样品制备：将密封容器内的样品混匀，取出 20～30 g，按规定磨碎，立即装入磨口瓶中备用。

③ 称样烘干:取 2 份样品,分别放入预先烘至恒重的烘盒内,在感量 0.001 g 的天平上称取 4.500~5.000 g 样品,分别记录盒号、盒重和样品的质量。摊平样品,立即将烘盒放入已调至 110~115 ℃ 的烘箱内,当箱内温度在 5~10 min 内回升至(103±2)℃ 时开始计时,烘 8 h,然后取出烘盒,盖好盒盖,放入干燥器中冷却至室温,30~45 min 后称重。

④ 结果计算(保留 1 位小数)。

$$种子水分含量 = \frac{M_2 - M_3}{M_2 - M_1} \times 100\%$$

式中　M_1——样品盒和盖的质量,g;

　　　M_2——样品盒和盖与试样烘前质量,g;

　　　M_3——样品盒和盖与试样烘后质量,g。

五、注意事项

(1)配制混合样品时应比较各初次样品在形态、颜色、光泽、水分及其他品质方面,各无明显差异时才能混合。

(2)净度检验结果计算时百分率的分母应是各成分质量之和,而不是试样的质量。

(3)水分测定时磨碎样品不能在空气中暴露过长时间。

六、思考题

(1)扦样时为什么要随机选取样点?

(2)净度检验时重型混杂物为什么还要细分为植物种子和杂质?

(3)发芽试验时不正常的种子如何处理?

(4)水分测定的时间为什么不能过长?

实训三　种子田间检验技术

一、实训目的

(1)了解种子田间检验的方法。

(2)掌握种子田间检验技术。

二、内容说明

种子田间检验是良种繁育过程中进行种子真实性、纯度检验和典型性的鉴定,以品种纯度为主,同时结合异作物的混杂程度、病虫感染情况、杂草危害程度和田间生育期情况等项目的检查。该检验技术与种子生产关系密切,是优良品种保持其种性的必然措施。通过本实训的学习,学生应掌握田间检验方法,并结合本品种的典型性状进行田间去杂、去劣,为优良品种生产奠定基础。

三、主要仪器设备及用具

(1)实训材料:种子田。

(2)主要仪器及用具:米尺、记录本、铅笔、镊子、放大镜等。

四、操作步骤与方法

1.了解情况

(1)了解种子情况。熟悉和掌握被检品种的特征、特性及在当地的表现情况,全面了解种子田背景、种子的来源、世代、上代纯度、种子批号、种植面积、前茬作物及栽培管理情况等,确认品种的真实性。

(2)了解种子田情况。种子田隔离条件是否符合标准要求,以及对种子田的总体印象等。

2.田间检验的时期

田间检验一般是在品种特征特性、表现最明显的苗期、花期和成熟期进行。

3.划区设点

凡同一品种、同一来源、同一繁殖世代、同一栽培条件的相连地块为一个检验区。一个检验区的最大面积为 33.3 hm²。面积大于 33.3 hm² 的地块,可根据种子田条件的均匀程度,分设检验区。也可选 3~5 块作为代表田,代表田的面积不小于供检面积的 5%。原种繁殖田、亲本繁殖田、杂交制种田等种子级别较高的地块,取样点数应加倍。

4.取样方法

样区数目和大小应与大田作物种子生产类别所规定的最低品种纯度标准相联系,一般来说,若规定的标准为 $1/N$,样区大小应为 $4N$,这样若品种纯度最低标准为 99.9%(1/1000),其样本大小应为 4000。

样区的大小和模式取决于被检种、田块大小、行播或撒播、自交或异交及种子生长的地理位置等因素。如大于 10 hm² 的禾谷类生产常规种子的种子田,最好采用宽 1 m、长 20 m、面积为 20 m² 且与播种方向成直角的样区。

(1)对角线取样。取样点分布在一条或两条对角线上等距离设点,适用于正方形或长方形地块。

(2)梅花形取样。在田块的中心和四角共设 5 点,适用于较小的正方形或长方形地块。

(3)棋盘式取样。在田间的纵横方向,每隔一定距离设一取样点,适用于不规则地块。

(4)大垄(畦)取样。垄(畦)作地块,先数总垄数,再按比例每隔一定的垄(畦)设一点,各垄(畦)的点要错开。

5.检验计算

在取样点上逐株鉴定。将本品种、异品种、异作物、杂草、感染病虫株数分别记载,杂交制种田还要记载父(母)本杂株数、母本散粉株数,然后计算各项的百分率。计算公式如下:

$$品种纯度 = \frac{本品种株(穗)数}{供检本作物总株(穗)数} \times 100\%$$

$$异品种百分率 = \frac{异品种株（穗）数}{供检本作物总株（穗）数} \times 100\%$$

$$异作物百分率 = \frac{异作物株（穗）数}{供检本作物总株（穗）数 + 异作物株（穗）数} \times 100\%$$

$$杂草百分率 = \frac{杂草株（穗）数}{供检本作物总株（穗）数 + 杂草株（穗）数} \times 100\%$$

$$病虫感染百分率 = \frac{感染病虫株（穗）数}{供检本作物总株（穗）数} \times 100\%$$

$$母本散粉株数百分率 = \frac{母本散粉株数}{供检母本总株数} \times 100\%$$

$$父（母）本散粉杂株百分率 = \frac{父（母）本散粉杂株数}{供检父（母）本总株数} \times 100\%$$

6.田间检验报告

田间检验完成后,田间检验人员应及时填写田间检验报告。

五、思考题

(1)为什么要进行田间检验?

(2)种子田间检验和室内检验各自的侧重点是什么?

实训四　种子干燥与清选技术

一、实训目的

(1)掌握种子干燥方法及其要点。

(2)掌握种子清选方法及其要点。

二、内容说明

　　种子必须经过干燥才能安全贮藏、运输;而种子清选是种子加工过程中一项重要环节,目的是清除种子中的夹杂物。通过本实训的学习,学生应理解种子干燥、清选的原理,掌握种子干燥、清选的方法,为种子贮藏和加工奠定基础。

三、主要仪器设备及用具

(1)实训材料:作物种子。

(2)主要仪器及用具:带式扬场机、螺旋式选种器、种子烘干机械等。

四、操作步骤与方法

(一)种子干燥

1.自然干燥

自然干燥主要是利用干燥的气候条件,脱粒前干燥、晒种、风干等。自然干燥对种子很安全。

2.机械干燥

机械干燥降水快,效率高,技术要求严格。高水分种子采用间歇干燥法,严格掌握出机温度;不宜采用传导方式加热的种子,采用烘干机直接加热干燥,烘干后的种子必须冷却。

3.空气去湿干燥

空气去湿干燥主要用于种子资源和数量较小的名贵种子的干燥。

4.干燥新技术应用

(1)辐射干燥法。通过辐射能转化为热能,种温上升,发生汽化达到干燥目的。

(2)高频干燥法。在高频机的作用下,种子内的极性分子改变极化方向,从而引起摩擦作用的热运动,使种子温度升高,水分迅速蒸发。

(3)真空干燥。利用真空可以降低水的沸点的原理,采用机械方法,用真空泵将干燥室空气抽出形成低压空间,使水分的沸点低于烘干种子的极限温度,种子内部水分达到沸点而汽化,达到干燥的目的。

(二)种子清选

种子清选是清除混入种子中的茎、叶、穗和损伤种子的碎片、杂草种子、泥沙、石块、空瘪等掺杂物,以提高种子纯净度,并为种子安全干燥、包装、贮藏和运输做好准备。

1.筛选

(1)用长孔筛分离不同厚度的种子,筛孔长度均大于种粒长度,筛孔宽度限制种子的厚度,凡种子厚度大于筛孔宽度的,就不能通过。

(2)用圆孔筛分离不同宽度的种子,筛孔直径限制种子的宽度。

2.风选

种子和各种杂物在气流中的飘浮特性是不同的,其影响因素主要是种子的质量及其迎风面积,根据这一原理,可有好多方式清选,如利用气流吹种子。

3.窝眼筒选

用窝眼筒分离不同长度的种子,长度小于圆窝直径的短粒进入窝眼内,被带到较大高度后落到种槽内,被送出筒外,长粒种不能进入,因而与短粒种分开,从筒的出口端流出。

4.密度选

(1)采用在运动过程中,利用种子密度的不同进行清选,使物料自动分级的办法。

(2)将种子浸入不同密度的溶液后,捞出漂浮杂质。

5.复合选

种子和混杂物的表面形状和光滑程度不同,在斜面上的摩擦阻力不同,则种子表面特性也不同。根据筛选、风选、窝眼筒选三种工作部件制造的复式精选机,可以对种子同时进行去杂、去劣和分级。

6.选后处理

(1)清选后的种子按分级标准分别装入种子袋,填写标签,封口,送入仓库。

(2)清选机械要清扫干净。

(1)种子干燥的方法有哪些?

(2)种子清选的常用方法及原理有哪些?

实训五　种子药剂处理技术

一、实训目的

(1)了解杀菌剂、杀虫剂及种衣剂的选择依据及原则。

(2)种子的药剂处理技术。

二、内容说明

种子播种前用药剂进行处理,能有效预防病虫害。目前,一般可选用粉剂拌种、乳油拌种、药剂浸种和种子包衣技术,其中种子包衣是最常见的技术,它是将杀菌剂、杀虫剂、微肥、植物生长调节剂、着色剂或填充剂等非种子材料,包裹在种子外面,以达到种子成球形或者基本保持原有形状,提高抗逆性、抗病性,加快发芽,促进成苗,增加产量,提高质量的一项种子技术。

三、主要仪器设备及用具

(1)实训材料:作物种子。

(2)主要仪器及用具:秤、电子天平、喷雾器、拌种器或种衣剂包衣机、1000 mL 量筒、1000 mL 烧杯、塑料薄膜、塑料盆、塑料桶、铁锹等。

(3)药品试剂:常用于种子处理的杀虫剂、杀菌剂、种衣剂农药各1~2个品种。

四、操作步骤与方法

(一)粉剂拌种

1.药剂

三唑酮(粉锈宁)。三唑酮是一种高效、低毒、低残留、持效期长、内吸性强的三唑类杀菌剂,能防治麦类白粉病,小麦根腐病,小麦散黑穗病,小麦纹枯病,玉米圆斑病,高粱、玉米丝黑穗病。

2.用量

三唑酮对作物种子发芽有一定的抑制作用,小麦用25%三唑酮可湿性粉剂拌种的用量为种子质量的0.1%,玉米为种子质量的0.2%,不可提高用药量。

3.拌种方法

按种子和农药的比例计算好种子和农药的用量,用秤或电子天平分别称量种子和农药,然后放入拌种器内,以 30 r/min 的转速搅拌 3~4 min,使药粉全部均匀地附着在种子表面,如缺少拌种器,可将种子与药粉放在内壁光滑的容器内或光滑的地面上,充分拌匀后,即可播种。

(二)乳油拌种

1.药剂

二嗪磷(二嗪农、地亚农)。二嗪磷为广谱性有机磷杀虫剂,具触杀、胃毒和熏蒸作用,并有一定的内吸作用,对鳞翅目、同翅目等多种害虫有较好的防治效果。二嗪磷不能与碱性农药混用。注意安全,防止中毒。

2.用量

防治地下害虫用量为 50% 二嗪磷乳油 500 mL 加水 25 kg,可拌玉米种子 300 kg 或小麦种子 250 kg。

3.拌种方法

按种子和农药的比例分别计算好用量。分别用秤称量种子,用量桶量取药液和水,将药液和水倒入塑料桶中,待药液混合均匀后,用背负式喷雾器均匀地喷洒在玉米、高粱或小麦等种子上,喷洒要均匀,边喷边翻动种子,药液喷完后堆放数小时,待药液全部被种子吸收,即可播种。

(三)药剂浸种

1.药剂

45% 福·酮可湿性粉剂。福·酮可湿性粉剂是福美双和三唑酮的复配剂,可以防治水稻多种病害,防治水稻恶苗病效果好。不要与其他农药混用。

2.用量

用 45% 福·酮 300~600 倍液浸种,如用 100 g 45% 福·酮可湿性粉剂加水 50 kg 浸 40 kg种子。

3.浸种方法

药液要高出种子 5~10 cm,防止种子吸水膨胀露出水面而影响浸种效果。在北方,播种前气温较低,可浸种 5~7 d;南方可时间短些。每天搅动 1~2 次,浸种后可直接催芽播种。

(四)种子包衣

1.药剂

35% 多克福种衣剂。35% 多克福种衣剂有效成分为多菌灵 15%、福美双 10%、克百威(呋喃丹)10%,是杀菌剂与杀虫剂的复配剂,含多种微量元素,具有防病、治虫、肥效三重作用。

2.用量

35% 多克福种衣剂的用量为玉米种子质量的 1%~1.5%。

3. 包衣方法

调整好拌种器或种衣剂包衣机的转动速度；准确计算和称量种子投入量和种衣剂用量；先将种子倒入拌种器或种子包衣机中，再倒入种衣剂；要立即搅拌，搅拌速度要均匀。待每粒种子均匀着粉红色时即可出料，出料后种子不能再搅动，以免破坏药膜。包衣后的种子不要晾晒。

五、思考题

（1）为什么种子需要包衣？

（2）在对种子进行药剂处理时，如何进行有效的安全防护？

模块七　科技论文写作篇

实训　科技论文写作规范

一、实训目的

掌握科技论文写作基本规范。

二、内容说明

科研成果要用科技论文表述与传播。科技论文既是科研成果的标志,又是科技信息传递、存储的良好载体,也是推进科技发展的重要手段。科技人员不但需要具备一定的专业知识和科学研究能力,而且应具备遣词、造句、立意、谋篇、表达、逻辑、语法、修辞等各种基础写作修养和技能,这样才能更好地对所从事的工作进行总结、挖掘、深入、交流和提高。与其他文体不一样,科技论文有着严格的规范,必须严格按照科技论文基本规范进行写作。

三、主要规范

(一)题名(篇名)

题名是科技论文的必要组成部分。它要求用最简洁、恰当的词组反映文章的特定内容,把论文的主题准确无误地告诉读者。一般情况下,题名中应包括文章的主要关键词。对于我国的科技期刊,论文题名用字不宜超过 20 个汉字,避免使用非公知公用的缩写词、字符、代号,尽量不出现数学式和化学式。

(二)著者

著者署名是科技论文的必要组成部分。著者是指在论文主题内容的构思、具体研究工作的执行及撰稿执笔等方面的全部或局部工作上作出主要贡献的人员,是论文的法定主权人和责任者。在给出著者姓名的同时,对著者应标明其工作单位全称及邮编。

(三)摘要

摘要的内容包括研究的目的、方法、结果和结论。其中,研究的结果和作者的结论为摘要的核心部分。一般应写成报道性文摘,摘要应简明、扼要地提供全文重点信息,具有独立性和自明性,且应是一篇完整的短文,中文摘要一般不宜超过 $200\sim300$ 字;英文摘要不宜超过 250 个实词。如遇特殊需要字数可以略多。在某些规范中,还明确指出"英文摘要应与中文摘要相对应"。摘要要采用第三人称的写法,一般不分段,不用图表、公式和非公知公用的符号。

(四)关键词

关键词是能反映论文主题概念的词或词组,便于进行文献索引和检索。每篇论文选择关键词 3~5 个,可从题名、摘要中选出,也可以把重要术语和地区、人物、文献、产品及重要数据名称作为关键词标出。

(五)文章章节的编号

科技论文的章节应采用阿拉伯数字分级编写,即一级标题的编号为 1,2…;二级标题的编号为 1.1,1.2,…,2.1,2.2…;三级标题的编号为 1.1.1,1.1.2…,如此等等。

(六)引言

引言又称前言,常作为科技论文的开端,主要回答"为什么研究"这个问题。它简明介绍论文的背景、相关领域的前人研究历史与现状,以及著者的意图与分析依据,包括论文的追求目标、研究范围和理论、技术方案的选取等。引言中不应详述同行熟知的,包括教科书上已有陈述的基本理论、实验方法和基本方程的推导。引言应少而精,开门见山,言简意赅,不要与摘要雷同或成为摘要的注释,引言的序号可以不写,也可以写为"0",引言不写序号时,"引言"二字可以省略。

(七)正文

正文是论文的主体,是指引言之后结论之前的部分,应按《学位论文编写规则》(GB 7713.1—2006)的规定格式编写。这一部分的形式主要是根据著者意图和文章内容而定。

研究性论文或技术报告的正文包括以下几个方面。

(1)实验原材料及制备方法。主要描述研究材料的可靠性、均衡性及随机性的情况。

(2)实验所用设备、装置和仪器。通用设备应注明规格、型号,如果是自己特制的装置,应提供示意图,并附测试、计量所用仪器的精度,使读者得知实验结果的可信程度和准确程度。

(3)实验方法和过程。实验方法包括测量仪器、测定方法、标本处理、计算方法等,过程如何进行,操作应注意事项。若技术有经济价值,则要正确处理好学术交流与技术保密的关系。

(4)实验结果。结果部分是示出处理后的实验效应,包括各项指标的数据和图像。对结果进行分析,把实验所得的数据和现象加以解释,阐明自己的新发现或新见解。图表的数量应择其要者。

写该部分时要注意:首先是选取数据必须严肃认真,实事求是;其次是描述现象要分清主次,抓住本质,图表设计要精心,使其一目了然;最后是分析问题必须以理论为基础,以事实为依据。

撰写理论或解析文章,应注意以下内容。

(1)解析方法。包括前提条件、提出的假设、解析的现象、适用的理论和计算的程序。

（2）解析的结果。可用图表、公式进行整理。

（3）分析讨论。对结果的可信度、误差的评价。

（八）结论与讨论

结论与讨论是整篇文章的最后总结。尽管多数科技论文的著者都采用结论的方式作为结束，但它不是论文的必要组成部分。

结论与讨论应该完整、准确、简洁地指出：① 由对研究对象进行考察或实验得到的结果所揭示的原理及其普遍性；② 研究中有无发现例外或本论文尚难以解释和解决的问题；③ 与先前已经发表过的（包括他人或著者自己）研究工作的异同；④ 本论文在理论上与实用上的意义与价值；⑤ 对进一步深入研究本课题的建议。

（九）基金项目的注明

凡是获得基金资助产出的文章应注明基金项目名称（指国家有关部门规定的正式名称）和项目编号。多项基金项目应依次列出。例如，基金项目：国家自然科学基金资助项目（59637050）；"八五"国家科技公关项目（85-20-74）。

（十）参考文献

凡引用前人的研究方法、论点、重要数据等，均要列出参考文献。著录格式如下。

a. 出版物：序号作者. 题名[J]. 刊名，出版年份，卷号（期号）：起止页码。

b. 论文集：序号作者. 题名[C]. 主编. 论文集名. 出版地，出版年份：起止页码。

c. 专著：序号作者. 书名[M]. 版本. 出版地：出版者，出版年份：起止页码。

d. 报告：序号报告人. 题名[R]. 会议名称，会址，年份。

e. 专利：序号专利申请者. 题名[P]. 国别专利号，发布日期。

四、思考题

请设计一个科学试验，完成试验后，整理相关数据，按照科技论文写作规范，撰写一篇科研论文。

参考文献

[1] 李洪连,徐敬友.农业植物病理学实验实习指导[M].北京:中国农业出版社,2001.

[2] 马成云.农学专业技能实训与考核[M].北京:中国农业出版社,2006.

[3] 薛全义.作物生产综合训练[M].2版.北京:中国农业大学出版社,2011.

[4] 刘宏魁,李景文,王英.作物育种学实验实习指导[M].长春:吉林大学出版社,2010.

[5] 肖启明,欧阳河.植物保护技术[M].2版.北京:高等教育出版社,2005.

[6] 陈合明.昆虫学通论实验指导[M].北京:北京农业大学出版社,1991.

[7] 申宗坦.作物育种学实验[M].北京:中国农业出版社,1995.

[8] 尹福强,刘铭.烟草专业综合实验实训教程[M].北京:北京理工大学出版社,2014.

[9] 国家技术监督局.GB/T 3543.2—1995 农作物种子检验规程 扦样[S].北京:中国标准出版社,1995.

[10] 陆欣,谢英荷.土壤肥料学[M].2版.北京:中国农业出版社,2011.

[11] 吴礼树.土壤肥料学[M].2版.北京:中国农业出版社,2011.

[12] 贺立源,陈传友.土壤肥料化验室基础知识[M].北京:中国农业出版社,2009.

[13] 姜佰文,戴建军.土壤肥料学实验[M].北京:北京大学出版社,2013.

[14] 全国农业技术推广服务中心.土壤肥料检测指南[M].北京:中国农业出版社,2007.

[15] 申建波,毛达如.植物营养研究方法[M].3版.北京:中国农业出版社,2011.

[16] 许志刚.普通植物病理学[M].4版.北京:高等教育出版社,2009.

[17] 董金皋.农业植物病理学[M].2版.北京:中国农业出版社,2010.

[18] 许志刚.普通植物病理学实验实习指导[M].2版.北京:高等教育出版社,2008.

[19] 许文耀.普通植物病理学实验指导[M].北京:科学出版社,2011.

[20] 李洪连,徐敬友.农业植物病理学实验实习指导[M].2版.北京:中国农业出版社,2007.

[21] 谈文,吴元华.烟草病理学[M].北京:中国农业出版社,2003.

[22] 侯明生,黄俊斌.农业植物病理学[M].2版.北京:科学出版社,2014.

[23] 陈利锋,徐敬友.农业植物病理学[M].3版.北京:中国农业出版社,2007.

[24] 洪晓月.农业昆虫学实验与实习指导[M].北京:中国农业出版社,2011.

[25] 刘志琦,董民.普通昆虫学实验教程[M].北京:中国农业大学出版社,2009.

[26] 雷朝亮,荣秀兰.普通昆虫学实验指导[M].2版.北京:中国农业出版社,2011.

[27] 袁铮.农业昆虫学[M].4版.北京:中国农业出版社,2011.

[28] 洪晓月,丁锦华.农业昆虫学[M].2版.北京:中国农业出版社,2013.

[29] 袁锋.农业昆虫学[M].3版.北京:中国农业出版社,2011.

[30] 彩万志,庞雄飞,花保祯,等.普通昆虫学[M].2版.北京:中国农业大学出版社,2011.

[31] 尹燕坪,董学会.种子学实验技术[M].北京:中国农业出版社,2008.